JN154395

情動学シリーズ
小野武年 監修

情動と犯罪

共感・愛着の破綻と回復の可能性

Emotion and Crime

福井裕輝
岡田尊司
編集

朝倉書店

情動学シリーズ　刊行の言葉

情動学（Emotionology）とは「こころ」の中核をなす基本情動（喜怒哀楽の感情）の仕組みと働きを科学的に解明し，人間の崇高または残虐な「こころ」，「人間とは何か」を理解する学問であると考えられています．これを基礎として家庭や社会における人間関係や仕事の内容など様々な局面で起こる情動の適切な表出を行うための心構えや振舞いの規範を考究することを目的としています．これにより，子育て，人材育成および学校や社会への適応の仕方などについて方策を立てることが可能となります．さらに最も進化した情動をもつ人間の社会における暴力，差別，戦争，テロなどの悲惨な事件や出来事などの諸問題を回避し，共感，自制，思いやり，愛に満たされた幸福で平和な人類社会の構築に貢献するものであります．このように情動学は自然科学だけでなく，人文科学，社会科学および自然学のすべての分野を包括する統合科学です．

現在，子育てにまつわる問題が種々指摘されています．子育ては両親をはじめとする家族の責任であると同時に，様々な社会的背景が今日の子育てに影響を与えています．現代社会では，家庭や職場におけるいじめや虐待が急激に増加しており，心的外傷後ストレス症候群などの深刻な社会問題となっています．また，環境ホルモンや周産期障害にともなう脳の発達障害や小児の心理的発達障害（自閉症や学習障害児などの種々の精神疾患），統合失調症患者の精神・行動の障害，さらには青年・老年期のストレス性神経症やうつ病患者の増加も大きな社会問題となっています．これら情動障害や行動障害のある人々は，人間らしい日常生活を続けるうえで重大な支障をきたしており，本人にとって非常に大きな苦痛をともなうだけでなく，深刻な社会問題になっています．

本「情動学シリーズ」では，最近の飛躍的に進歩した「情動」の科学的研究成果を踏まえて，研究，行政，現場など様々な立場から解説します．各巻とも研究や現場に詳しい編集者が担当し，1）現場で何が問題になっているか，2）行政・教育などがその問題にいかに対応しているか，3）心理学，教育学，医学・薬学，脳科学などの諸科学がその問題にいかに対処するか（何がわかり，何がわかっていないかを含めて）という観点からまとめることにより，現代の深刻な社会問題となっている「情動」や「こころ」の問題の科学的解決への糸口を提供するものです.

なお本シリーズの各巻の間には重複があります．しかし，取り上げる側の立場にかなりの違いがあり，情動学研究の現状を反映するように，あえて整理してありません．読者の方々に現在の情動学に関する研究，行政，現場を広く知っていただくために，シリーズとしてまとめることを試みたものであります.

2015 年 4 月

小野武年

●序

「犯罪者は共感性に乏しい」ということがしばしばいわれ，一般的にも受け入れやすい見方であると思われる．犯罪は情動の障害によって引き起こされるというようなことがもっともらしく語られる．法律は，人とは自由であり，その自由意志にしたがって行動するという独特の人間観をもとに構築されている．しかし，「感じる」という情報処理を基礎に生まれる「感情」と異なり，「情動」は身体の生理的活動も含めたいわば無意識的過程である．

犯罪が起きて，人々にとってそれが不可解な現象あるいは理性的な理解を超えたものであるとき，とりわけ責任主体や動機がはっきりしないとき，その「心の闇」を情動の障害と考えると「腑に落ちる」のである．しかし，犯罪と情動の関連はそれほど明確になっているわけではない．そもそも情動とは何なのか，という定義自体も，脳神経科学と心理学の分野では異なった意味で使われることが多い．

情動は，犯罪に関連して至る所に存在する．情動の障害は遺伝子によって引き起こされることがわかっている．それが反社会性パーソナリティ障害などを生み出す．愛着という環境要因によっても障害されうるので，道徳観念の欠如などを生み出しうる．性犯罪やストーキングにつながることもある．犯罪に対して，社会は，応報すなわち過去の犯罪行為への代償として苦痛という形で刑罰を与える．応報感情とは復讐心であり，怒りであり，すなわち情動をその要因としている．その一方で，これまで考えられてきた以上に情動には可塑性・学習性があることがわかり，治療的介入によって改善しうることが徐々に明らかになりつつある．

とはいえ，この分野の研究はまだ始まったばかりである．本書は，医学，心理学，社会学などの専門家によって多面的・学際的に構成されている．本書の刊行が，今後の新たな研究の発展につながることを願っている．

2019年1月

福井裕輝

● 編集者

福井裕輝　NPO法人 性犯罪加害者の処遇制度を考える会
一般社団法人 男女問題解決支援センター

岡田尊司　岡田クリニック

● 執筆者（執筆順）

岡田尊司　岡田クリニック

齋藤　慧　NPO法人 性犯罪加害者の処遇制度を考える会

増井啓太　追手門学院大学心理学部心理学科

高岸治人　玉川大学大学院脳科学研究科

玉村あき子　NPO法人 性犯罪加害者の処遇制度を考える会

●目　次

1
愛着障害と犯罪

1.1　再認識される愛着の重要性

今，愛着という情動の仕組みが危機に瀕している．近代的な産業化社会は，有史以前から維持されてきた愛着システムを崩壊させつつあるともいえる．まさに「愛着崩壊」という情動障害が起きているのである（岡田, 2012）．虐待の問題は，その一端を示しているが，犯罪もまたそこに密接に結びついている．

犯罪は，法学的には，「構成要件に該当し，違法かつ有責な行為」と定義される（広辞苑，第5版）．つまりその行為が，刑法等に定められた要件を構成し，違法性を却下する事由がなく，行為者の責任能力を認めるとき，犯罪が成立する．だが，そもそも法がなぜその行為を犯罪と定めるかといえば，規範に背き，法益（法が定める個人および公共の利益）を損なう行為，一言でいえば，反社会的行為だからということになる．

これは裏返していえば，人間は他者との関係や群れ社会の秩序を尊重する社会性の高い生き物だということでもある．犯罪は，社会性哺乳類である人類が，その社会性を高度に進化させた結果，それを脅かす行為を排除するためにつくられた概念だといえる．したがって，生物学的な観点でいえば，犯罪とは，社会性哺乳類としての存立を危うくする行為と定義しなおすこともできる．

社会性哺乳類の最大の特徴は，つがいや家族（群れ）をつくることであり，それを支える仕組みが愛着である．愛着障害は，この愛着の仕組みが安定したものとして獲得できなかったものである．それゆえ，愛着障害がつがいや家族や群れをつくる営みに困難を生じさせ，夫婦，家族，社会という集団での適応を損ない，ときには，犯罪という破壊的な結末を生む要因となったとしても不思議ではない．

実際，愛着障害や不安定な愛着という情動障害は，幼い子どもの盗みやイジメから，連続殺人や大量殺人に至るまで，ほとんどあらゆる犯罪の背景に，加害者のみならず，しばしば被害者となる存在にも認められる．

近年，不安定な愛着の問題は，近代化社会で急増するパーソナリティ障害や依存症，摂食障害，気分変調症などの精神疾患との関係でも重要視されるようになっている（岡田，2012）．しかし，それよりずっと以前から，母子関係の重要性がクローズアップされ，愛着という現象の発見にもつながったのは，後述するように，子どもの非行の臨床からであった．にもかかわらず，犯罪の理解に愛着という視点が本格的に採り入れられたのは，意外に最近のことである．

犯罪の要因についてのこれまでの議論は，大きく二つに分けることができる．一つは，チェーザレ・ロンブローゾ（Cesare Lombroso）に代表されるような生得的な個体レベルの要因を重視する立場である．ロンブローゾの骨相学や彼が唱えた「生来性犯罪者説」は否定されたが，個体レベルの素質を重視する考え方は，現在でも根強い．精神病質や社会病質といった概念は，そうした系譜に位置する．

もう一つは，エミール・デュルケーム（Émile Durkheim）に代表されるような，環境因，ことに社会的要因を重視する立場である．貧困や格差，社会の規範の崩壊，都市化といった要因に焦点を当てる．環境因を重視し，犯罪者に特有の人格というものは存在せず，むしろ環境が犯罪を生むとしたシカゴ学派もそうした系譜を代表する．

この二つの立場の対立は，想像以上に根深いものであった．個体レベルの素質的要因を重視する生得説と，社会レベルの環境を重視する環境因説の狭間に位置する問題には，注意が払われにくい状況が生まれた．個体と社会，素質と環境の中間に位置する問題，たとえば家庭とか養育といった問題は，学問の対象とするには不適切で捉えどころのない，不純物のような扱いを受けたのである．

そうしたなかで，例外的ともいえる存在は，自身少年院の医師として長きにわたって仕事をしたウィリアム・ヒーリー（William Healy）である．彼が注目したのは，非行少年の多くが幼児期より愛情不足や家庭内葛藤を味わっていることで，彼は非行を「満たされなかった願望や欲求の表現」と考え（山根編，1974），非行を，家族的，養育的要因による情動障害としてとらえたことは，その後のボウルビィの発見の先駆けとなったことは特記すべきである．

個体要因か社会要因か，素質因か環境因かという二項対立を乗り越え，両者を統合するカギを握るのが，人と人との絆のもととなる愛着であり，両者の狭間にこそ，問題を解くカギがあったということになるが，そのことが真に理解されるまでには，長い時間を要することになる．驚くべきことだが，家庭的，養育的要因の関与は，同じ環境でもきちんと育つ人もいるという単純な議論により否定され続けてきたのである．遺伝要因と環境要因の相互作用の重要性が認識されるようになるまで，単純な二分法がまかり通ることになる．

20 世紀も末になって，愛着崩壊が進行し，虐待や愛着障害が巷にまであふれるようになって初めて，養育要因や愛着の安定性が，遺伝子と変わらない影響を情動や社会性の発達に及ぼすことがもはや否定できなくなり，その重要性がようやく見直されることになる．

愛着の安定性が，なぜそれほど影響力をもつかといえば，愛着が他者と絆の基盤となっているだけでなく，愛着は，本能的な現象である情動を，現実に適応した能力である社会性へと育む“学校”として機能していることによる（岡田，2012）．

たとえば，怒りといったネガティブな情動にしても，一つ間違えると暴力的な犯罪に向かってしまうこともあるが，適切に使われれば，むしろコミュニケーションや信頼関係を深める方向に役立てることもできる．安定した愛着の人では，怒りをうまくコントロールするだけでなく，怒りを建設的に用いることができる．

愛情欲求や承認欲求といった社会的欲求も，うまくコントロールできなかったり，欲求を満たすための社会的な手続きを踏み間違ったりすれば，それもまた犯罪を成立させてしまう．しかし，それらは，本来，本能や情動といった，生存のためにも不可欠なものであるからこそ，われわれに備わっている．それをうまく使いこなすことで，われわれは生きながらえ，世渡りし，自分や家族を危険から守ることができる．まさにその部分に，愛着がかかわっていると考えられるようになっている．

さらに愛着が重要なのは，それがその人を支える社会的サポートと密接に関係していることによる．実際，愛着障害や不安定な愛着を疑う，一番わかりやすい指標は，親との関係がどれだけ安定し，どんなことも相談できる「安全基地」として機能しているかということだが，不安定な愛着の人では，親が「安全基地」となれていないことが多い．その傾向は親との関係だけにとどまらず，パートナーや友人との関係にも，それ以外の人との関係にも認められ，周囲と安定した信頼関係を維持できにくかったり，気軽に相談したり，助けを求めたりすることが難しくなる．愛着の安定性は，一見個体レベルの特性にみえるが，実は支えとなる環境と密接に結びつき，犯罪のリスクさえも左右しているのである.

それだけではない．愛着という相互的な現象についての理解は，暴力や攻撃という破壊的な情動行動についても，新しい理解をもたらそうとしている．暴力や攻撃行動は，それを行い加害者の問題として捉えられることが多かったが，配偶者間暴力の加害者のみならず被害者の愛着スタイルの研究から，愛着スタイルの相互的関係が，暴力のリスクを左右しているという事実が明らかとなってきた．つまり，個体レベルの要因だけでなく，相互的関係という観点で，暴力や攻撃行動を理解しようとするとき,愛着という観点は欠かせないものとなってきている.

しかも，愛着は現在の関係だけでなく，その人の生い立ちや育ち，さらには一家の歴史のなかで展開されてきた関係性のドラマが色濃く反映されるということも理解されるようになった.

このように愛着という視点は，一見，本人の問題のように捉えられがちなことも，実は，周囲とその人との関係を反映した問題でもあり，また，その人が乳幼児だった頃からの周囲との関係を反映したものであり，さらには，親や先祖たちのたどってきた歴史をも映し出しているという立体的なパースペクティブにおいて，その人の特性や行動を理解することを助ける．社会的な存在であると同時に歴史性を背負った唯一の生き物である人間の「業」ともいうべき部分に迫るうえでも，その破綻がもたらす犯罪という行為を理解するうえでも，今やもっとも有力かつ欠くべからざる見地となっている．本章で愛着障害を取り上げることになったのは，そうした背景があってのことである.

1.2 愛着理論の誕生と発展

愛着（attachment）という現象に最初に着目し，理論化したのはイギリスの精神科医ジョン・ボウルビィ（John Bowlby）である.

ボウルビィは，1907 年，ロンドンの中産階級の家庭に，6 人兄弟の 4 番目の子として生まれた．父親は王室の侍医を務める外科医であった．当時の風習にならって，幼いボウルビィも，母親と過ごせる時間は限られたもので，彼の面倒をつきっきりでみたのは，ひとりの乳母であった．4 歳になるかならないかのとき，慕っていたその乳母が家を去ってしまう（Holmes, 1993）．このできごとは，幼いボウルビィにとって大きな悲しみで,彼は後年,「母親を失うほどの悲劇だった」と述べている．7 歳のときに寄宿学校に送られたが，そのできごともボウルビィにとってはつらい体験だったようである．

ケンブリッジのトリニティ・カレッジで心理学や臨床医学の基礎を学んだ後，彼は非行少年や不適応児童の臨床に携わる．22 歳のときに，ロンドンの大学病院で医学の訓練を積むとともに，精神分析の訓練も受け始める．26 歳で医師となってからは，モーズレイ病院で精神医学の研修を受け，30 歳のとき，精神分析医の資格も取得した．

第二次世界大戦中は軍医として働いたが，その間も，ユダヤ人の子どもたちの救済や疎開，保育所の整備などにかかわった．そうした経験から，彼はいっそう母親から引き離される子どもの問題に関心をもつようになったようである．

彼は，母親から引き離された戦時保育所の子どもたちを記録したアンナ・フロイトらの研究に関心を寄せる一方で，子どもの体験自体よりも，子どものファンタジーを重視する精神分析と意見の食い違いが見られるようになる．ボウルビィは，母親からの離別という体験自体が及ぼす影響を重視したのである．

戦後，タビィストック・クリニックの副院長として，児童精神分析部門の創設に当たるが，そこで働いていた彼のもとに，ある依頼が舞い込む．イタリアの孤児院に収容されている戦災孤児たちに心身の発達や健康上の問題が起きており，調査に協力してほしいという．彼はその調査に参加し，その成果は 1951 年に，“Maternal Care and Mental Health”（母親の養育と心の健康）として刊行された（Bowlby, 1951）．そのなかで，ボウルビィは，心身の発達や免疫力の低下といった問題が，母親からの養育を奪われることによって起きているとし，「母親の養育の剥奪（deprivation of maternal care）」とよんだ．医学的なデータに基づいて，孤児に必要な養育を論じた画期的なもので，従来の孤児政策を大きく変えるものとなる．幼い子どもは，母親との親密で温かいかかわりを体験すべきであり，そうした体験が損なわれると，重大な支障を引き起こすというボウルビィの主張は，当時有力だった，精神分析などの理論とは一線を画した内容で，一部からは強い反発の声も上がった．驚くべきことだが，当時は，子どもの発達に母親の愛情や母子の絆が，それほど重要だとは考えられていなかった．一般の人々だけでなく，専門家においてもそうであった．むしろ母親の愛情は，悪い影響を与えるとみなされることさえあった．しかし，ボウルビィの母性愛剥奪（正確には，母親の養育の剥奪）という考え方は，急激に浸透することとなる．

だが，この段階でのボウルビィの理論は，多くの戦災孤児が生まれるという特殊な時代状況において，母親と離別や死別した限られた子どもの問題であった．

その後，20 年ほどかけて，すべての子どもに当てはまる，より普遍的な愛着理論へと発展させていく．その普遍化の過程で，ボウルビィが参考にしたのは，人間だけでなく，霊長類をはじめとする他の社会性哺乳類についての研究であった．ボウルビィは，愛着という現象が，種を超えて哺乳類全般に共有される生物学的な仕組みであることを，正しくも見抜いていたのである．

ボウルビィは，愛着理論に関する 3 部作『愛着行動』，『分離不安』，『対象喪失』(ボウルビィ，1991）を，それぞれ 1969 年，1972 年，1980 年に発表し，彼の理論はひととおりの完成を見た．

愛着理論は，その後継者のメアリー・エインスワース（Mary Ainsworth）らの研究によりさらに発展し，近年では，子どもだけでなく，大人にも深くかかわる問題であることが理解されるようになってきた．幼い頃の愛着パターンは，成人においても愛着スタイルとして持続していて，それが，対人関係やストレス耐性，ストレス・コーピングを大きく左右することも明らかとなっている（Mikulincer and Shaver, 2007）．愛着は社会的機能の根底にかかわるものであり，その破綻は，犯罪のリスクを高めることにもなる．

1.3　愛着（アタッチメント）とは何か

では，そもそも愛着とは何なのだろうか．愛着は，本来母子の間に形成される恒常性をもった絆で，心理社会的な結びつきだけでなく，哺乳類に共有される生物学的な結びつきの仕組みだと考えられている．その根拠と考えられるのは，愛着現象が哺乳類に普遍的に認められるというだけでなく，その生物学的な基盤と考えられているオキシトシン・システムを，そのまま共有しているという事実である（Music, 2001）．愛着の仕組みは，われわれ人類も霊長類も，犬や猫や鼠も，基本的にまったく同じなのである．

愛着は哺乳という行為だけでなく，抱っこやスキンシップを介して強化されていく．愛着理論の形成に少なからず影響を与えたのは，有名なハリー・ハーロウ（Harry Harlow）のアカゲザルの実験である．ハーロウは，哺乳瓶をとりつけた針金製の母ザル（ハードマザー）と，哺乳瓶のない柔らかい布を巻いた母ザル（ソフトマザー）をつくり，子ザルの反応を観察した．すると，子ザルは圧倒的に長い時間を，哺乳瓶はないが，柔らかい母ザルにつかまって過ごした（Kimble,

1980）．空腹を満たすことだけが，愛着行動を引き起こしているのではなく，心地よいスキンシップ，いわゆる快情動もまた，重要な要素だったのである．

愛着の存在を裏づけるもう一つの事実は，その選択性である．どんなに他の人が適切な世話をしようと，母親でなければ，子どもを十分に満足させることができない．これは，愛着という現象を考えるうえで，きわめて重要な特性だといえる．

しかも，特定の存在に対する選択的で持続的な関係が形成されるのには，臨界期が存在し，人間の場合，1歳半を過ぎてしまうと愛着形成が起きにくくなる．愛着障害は，この臨界期に母親が不在であったり，かかわることができなかったり，交代することによっても生じる．また，虐待や過酷な支配によって，“ソフトマザー”が不足することも，愛着障害の原因となる．

皮肉なことに，愛着の問題が大きくクローズアップされるようになった一つのきっかけは，1980年代頃から，幼児虐待が急増し始めたことである（岡田，2012）．虐待やネグレクトを受けた子どもでは，特徴的な愛着パターンを示す．誰にも懐こうとせず，無関心，無感情を特徴とする抑制性愛着障害と，逆に，誰かれかまわず見境なく甘えようとする脱抑制性愛着障害が典型的なタイプである．

近年の研究は，こうした特異な子どもだけでなく，普通の家庭で育ったと思われている子ども，さらには大人にも，不安定な愛着がかなりの割合で存在することを明らかにし，いっそう身近な問題として認識し直されてきている．

ボウルビィによれば，愛着は養育環境に応じて変化する「作業モデル」によって制御される（ボウルビィ，1991）．たとえば，養育者から愛情や世話が得られないとき，子どもは愛着を抑制することによっていたずらに期待することをやめ，その状況に適応しようとする．

愛着障害というほどではないものの，母親との愛着が不安定な子どもの割合は，近代的な個人主義社会ほど高く，幼児の3分の1にも及ぶ（Music, 2011）．このうち，母親との離別・再会にも無関心な傾向を示す「回避型」，母親との離別・再会に際して，抵抗や怒りを示す「抵抗／両価型」は，それぞれ長じると，他者との親密なかかわりを回避する「愛着軽視型 Dismissing（別の分類では，回避型）」，親密な他者に過度に依存し，見捨てられ不安が強い「とらわれ型 Preoccupied（別の分類では，不安型）」の愛着スタイルに発展しやすいとされる（Prior and Glaser, 2006）．

一方，母親が不安定で，気まぐれにかわいがったり，虐待を加えたりする場合には，両者が入り混じった「混乱型（無秩序型，Disorganized)」を示す．混乱型は児童期に入る頃から，子どもが養育者をコントロールしようとする「統制型(Controlling)」とよばれるタイプが発展してくるが（Main and Solomon, 1990)，一部のケースでは混乱型が長く続き，そうしたケースでは，いっそう情緒や行動の問題が顕著である．混乱型の子どもは，成人しても，親との関係が非常に不安定な「未解決型（Unresolved)」を呈しやすいと考えられる．

子どもは，母親との愛着を安心の拠り所として探索行動を行い，学習や社会的体験を積んでいく．それゆえ，安定した愛着は，子どもの社会性の獲得や学習をバックアップする．そうした愛着の機能を，ボウルビィの後継者の一人であるエインスワースは「安全基地（safe base)」とよんだ．どの子どもも，母親（養育者）との愛着という「安全基地」を足がかりにして，身の安全を確保しつつ，周囲の環境を探索し，発達を遂げていく．

実際，母親との愛着の安定性は，子どもの社会性の発達や情緒（情動のコントロール）面の安定に寄与するだけでなく，知的発達にも有利に働くことがわかっている（Crandell and Hobson, 1999)．逆にいえば，幼い頃，母親との愛着が不安定だと，社会性の問題を抱えやすく，情緒は不安定で，知的能力さえも本来獲得できるレベルを下回ってしまいやすいのである．

母親との関係を土台として育まれた愛着は，他の人との関係を築いていく土台ともなる．10代の後半には，愛着スタイルという恒常性をもった様式として確立されていく．

1.4　愛着障害と反社会性の萌芽

安定した愛着が形成されなかった場合，子どもの非行や反社会的行動のリスクが高まることについては，多数の研究によって裏づけられてきた．そもそもボウルビィが愛着に注目するきっかけとなったのも，犯罪行為を行った子どもに，母親との絆が壊れたケースが異常に多いという事実に出会ったことからである．

ボウルビィは，すでに戦中に行った研究（Bowlby, 1944）において，44名の窃盗犯の青年のバックグラウンドを調べ，全員が子ども時代に親との離別や愛情不足を味わっているという事実を見出し，母親との離別という体験が重要な要因となった可能性を指摘している．

ボウルビィの後継者であるエインスワースらの初期の研究（Ainsworth et al.,

1971）は，母親との愛着が，9～12カ月というごく幼い段階で，すでに道徳性の獲得に影響していることを示唆している．その研究で初期の道徳性の指標とされたのは，母親への従順さ，自己抑制，自己制御的行動であったが，これらの指標は，言葉による躾（しつけ）や身体的な躾の頻度よりも，母親の感受性の高さに左右されていた．母親の感受性は，安定した愛着の形成にもっとも重要とされる要素の一つである．エインスワースらは，愛着の安定は，子どもが親に同一化することを促し，母親の教えを受けいれ，内在化することを促進しているのではないかと考察した．

その後，積み重ねられた観察事実や研究結果をもとに，Watersらは，愛着が不安定な子どもでは，脅したり見捨てたりするコントロールにより規範を押しつけようとする養育者に対して共感を覚えにくく，そのため，養育者が強いる規範や道徳的価値の内在化が起こりにくいという仮説を提示した（Waters et al., 1986；Richters and Waters, 1992）．

近年の研究（Kochanska and Kim, 2012）では，愛着の安定性が直接に反社会的な行動の直接因となっているというよりも，愛着の安定性は反社会的行動の抑制因子として働いているため，愛着の安定性が欠如した場合には，抑制因子が働かなくなることによって，反社会的行動が出現しやすくなるというメカニズムが示唆されている．この研究によれば，6歳8カ月の時点での子どものルールを守らない傾向の主因子となっていたのは，親が力によって支配しようとする傾向であったが，1歳3カ月の時点での子どもと親との愛着が安定していた場合には，その影響が薄められたのである．

Patterson（1976）によれば，強制するタイプの養育態度は，葛藤を強め，行動上の問題を悪化させるのに対して，理由をよく聞いたり，説明したりして本人の納得を重視するタイプの養育態度は，葛藤を減らし，問題行動を減らすのに有効とされる．子どもとの愛着が不安定な母親では，理を述べて納得させる養育ではなく，無理強いする養育をしがちであることも裏づけられている（Grusec and Goodnow, 1994）．道徳的価値観が内在化し，血肉となるためには，強要することは，逆の結果を生んでしまうのである．

そのことを，晩年にいみじくも語った人物がいる．科学哲学者として特異な業績を残したポール・ファイヤアーベント（Paul Feyerabend）は，特異な人生を歩んだ人物でもあった．両親との不安定で疎遠な関係は，精神的に不安定で，最期には自殺した母親の無関心の影響もあっただろう．どういう要因によるかはともかく，ファイヤアーベントが親密な人間関係を維持することに困難を抱えていたことは確かである．彼の人生はきわめて回避的で，親の死に対しても冷淡な態度で距離をとろうとしたが，同時に愛されたいという欲求を抑えることができない一面ももっていた．その結果が，無数の恋愛事件であり，何度か繰り返された結婚と離婚である．脳腫瘍で世を去る直前に完成を見た自伝“Killing Time”（邦訳『哲学，女，唄，そして…—ファイヤアーベント自伝—』）には，終わり近くに，自身の人生を振り返ってしみじみと述べた次のような一節がある．

「道徳的な性格は議論によっても，「教育」によっても，あるいは意志的な行為によっても造り出すことができないと，私は結論する．それは仕組んだ行動，科学的であれ，政治的であれ，道徳的であれ，宗教的であれ，計画的な行動によって造り出すのは不可能なのである．真なる愛と同じく，それは天与のものであり，努力の成果ではない．それは両親の愛情，ある種の安定性，友情などの偶発的な事柄に依存する．そしてそこから導かれる，自己への関心と他者への関心の微妙なバランスに依存する」

愛着の不安定な子どもは，親の注目や関心を惹きつけようとして非行や問題行動をすることも知られている．愛されないことへの怒りや復讐として，反社会的な行動や自己破壊的な行為にのめり込むことは，しばしば経験することでもあるし，研究によっても裏づけられている（Greenberg and Speltz, 1988）．愛着障害の子どもが示す天邪鬼な反応は，愛されたいが愛してもらえない者の悲しみと怒りの反応だといえる．それは，ある意味で反社会性の萌芽ともいえる．

愛着の安定性は，その親との関係だけでなく，他の人物との関係にも一般化しやすいことも，重要である．Hirschi（1969）は，早くからその点を指摘し，子どもと親の不安定な愛着は，教師や権威的な人物との脆弱で不安定な関係を招きよせやすく，その結果，道徳的規範や行動規範と同一化することを妨げてしまうという犯罪理論を展開した．

1.5　不安定な愛着と攻撃的行動

反社会的行動の前段階として見られやすいのは，仲間に対する攻撃的行動や反抗である．こうした攻撃的行動は，不安定な愛着の子どもに見られやすいだけでなく，特定のタイプとの結びつきが強いことも報告されてきた．

攻撃的な行動との関係で当初注目されたのは，不安定ー回避型（insecure-avoidant）とよばれる愛着タイプである．不安定ー回避型は，養育者との離別や再会に際して無関心なことを特徴とするが，養育者の拒否的な養育や侵襲的な養育を反映した子どもたちの適応戦略の結果だと考えられている．養育者から，さらに拒否や侵襲的支配を避けるために，親に愛情や関心を期待せずに，距離をとることで身を守ろうとしている．確かに回避型の男の子では，攻撃的な行動が多いという結果が示されているが，女の子での関連が認められなかった．一方，回避型の子どもでは，イジメの加害者になるケースが多いという結果が示されている．

これらの結果は，貧困層を対象にした研究で認められたものであるが，その後中流階級の普通家庭を対象にした研究では，回避型と攻撃性の関係は，男の子でさえ認められていない．攻撃性は，回避型愛着にともなう本質的な特性ではない．

回避型にかわって，攻撃性や反社会的行動との関係で注目されるようになったのは，その後，一つのタイプとして見出された「混乱型（無秩序型，disorganized)」とよばれる愛着タイプである．混乱型は，回避型と抵抗／両価型の特性が無秩序にみられるタイプで，いずれの戦略も通用しない，不安定な養育者からの脅威にさらされた結果だと考えられている．実際，虐待のケースに頻度が高いものである．また，混乱型を示した子どもでは，後年，共感性の低下や攻撃性の亢進が認められている．

混乱型は，成長とともに統制型を呈しやすいが，反抗挑戦性障害と診断された子どもでは，不安定型愛着，なかでも統制型愛着を示す子どもが多かった（Speltz et al., 1995)．

成人の犯罪となると，青年期の非行や犯罪よりも社会経済的な要因など，他の関与も大きくなるが，不安定な愛着によりリスクを増す傾向が認められている．ことに，暴力的な犯罪では，不安定な愛着との結びつきがより強まる．財産犯と暴力犯で，犯罪者の愛着スタイルを比べた研究（Fonagy et al., 1996）によると，前者に比べて後者では，悲惨な虐待の結果生じたと考えられるきわめて不安定な愛着スタイルが認められ，他者の気持ちを考慮するということ自体が困難であった．

Mawson（1980）は，暴力的犯罪の被害者の多くは，加害者の家族，親戚，知人，隣人など，加害者と比較的身近で親密な関係にあったことに着目し，加害者が抱える不安定な愛着のために，親密な関係をもとうとする試みがうまくいかず，暴力という形でしか親密なかかわりをもてないのではないかと考察している．

1.6 情動および行動のコントロールと愛着の安定性

愛着は，情動や行動のコントロールを獲得するうえでも大きな役割を果たしていると考えられている．安定した愛着は，ストレスやネガティブな情動に対してバッファーとして働き，その悪影響を薄め，適切で有効なコーピングを促す（Kobak and Hazan, 1991）．

実際，愛着が安定した人では，ストレスホルモンであるコーチゾルのレベルが低く，臨床的にも不安やストレスを感じにくい．一方，混乱型愛着ではストレスに対して，コーチゾル・レベルが過剰に上昇しやすい（Hertsgaard et al., 1995）．安定した愛着の人では，怒りといったネガティブな情動にとらわれにくいだけでなく，怒りにとらわれたときでも，それをコミュニケーションや相互理解を深める方向にいかす傾向があるが，不安定な愛着の人では，怒りは信頼関係を破壊してしまう方向に向かってしまう（Cassidy, 1994；Mikulincer, 1998）．

安定した愛着に恵まれた子どもでは，情動をコントロールし，ストレスにうまく対処する能力を身につけやすいが，愛着が不安定な子どもでは，情動コントロールに困難を抱えやすく，とくにネガティブな情動に適切に対処することができない．過剰反応して墓穴を掘ったり，反応を抑えすぎて，自分を守れなかったり必要な助けを得られない．

暴力的な犯罪では，ネガティブな情動や攻撃性のコントロールの失敗が，直接の引き金となりやすい．不安定な愛着が，とくに暴力的な犯罪と結びつきが強いことは容易に推測できるが，暴力的犯罪者と非暴力的犯罪者で比べた研究（Marcus and Gray, 1998）では，暴力的な犯罪者では，親との愛着が不安定であることが裏づけられている．

養育環境に恵まれず，虐待やネグレクト，養育者の交代によって，養育者との間に安定した愛着が形成されないと，情緒や行動のコントロールの困難といった自己統御の障害をかかえやすく，多動，衝動性，不注意，攻撃，規則違反，友だちとのトラブルなど，さまざまな問題を引き起こしやすい（Simmel et al., 2001）．また，愛着が不安定なケースほど，遂行機能の低下が認められている．遂行機能の低下は，学業の達成や職業機能に重大な支障を引き起こし，社会適応に深刻な問題をもたらす．

このように，情動や攻撃性のコントロールや，その仕組みの発達において，愛着が重要な役割を果たしていることが示唆されている．愛着対象である存在は，子どもの「安全基地」として機能することにより，ストレス状況において子どもが避難し，安全を確保するうえでの拠り所となるだけでなく，困難に対してどう対処するかを学ぶのを助ける．安定した愛着は，そのプロセスをより円滑なものとすると考えられる．

逆に不安定な愛着の人では，ストレスを感じやすいだけでなく，それによってネガティブな情動が生じやすく，さらにストレスやネガティブな情動に対するコーピングも下手である．そのうえ「安全基地」となる存在が機能していない社会的サポートの弱さも重なっている．まさに三重苦なのである．

1.7 共感性の発達と愛着

攻撃性や情動のコントロールは，犯罪行為に直接かかわるアクセルとブレーキであるが，もう一つ抑止力として注目されているのが，共感性である．共感性の低下は，暴力的犯罪のみならず性犯罪や非暴力的犯罪者でも認められる傾向である（Domes et al., 2013）．共感性を育むことは，反社会的行動を防ぐという意味でも重要である．近年，共感性を育むうえで，安定した愛着や共感的養育が果たす役割の重要性を裏づける研究が次々と報告されている．

幼年期の母親との愛着と後年の集団適応との関係を追跡調査した研究（Sroufe, 1988）では，愛着が不安定な子どもは，安定した子どもに比べて共感性に欠け，周囲とうまくやれず，周囲からの評価も低いという結果が示されている．また，不安定な愛着の持ち主は，イジメを受けやすいとされた．

Kimonis et al.（2013）は，227名の矯正施設に収容されている男性犯罪者を対象に調査を行い，幼い頃の母親の世話不足と，思いやりのない非共感的な傾向との間に，統計学的に有意な関連を認めた．虐待による影響を取り除いた後でも，有意な関連が認められている．また，母親の世話が不足して共感性の低下が認められる場合には，高い攻撃性をともなっていた．

他者に対する共感性の極度に低下した状態として「精神病質」が知られている．精神病質は，衝動性のコントロールの低下と共感性の低下という二つの要素を含むが，精神病質により本質的な障害は後者であると考えられる．

精神病質は，長年，非常に遺伝的な要因が強い生得的なものと理解され，それゆえ改善が困難だと考えられてきた．そうした考え方は20世紀の前半において支配的だったが，世紀の後半に入ってもまだ根強く残った．養育要因の関与に注目する人々もいたが，たとえば，Cleckleyの有名で影響力をもった著作“Mask of Sanity”（1976）のように，養育要因の関与に否定的な見解がむしろ強かったのである．Cleckleyは，その著で15例の精神病質者のケースを記述し，目立った養育的な欠陥による影響は認められないとした．

ただ，Cleckleyの症例報告は，20代～40代の患者や家族とのやりとりを中心に，かなり“主観的に”経過がたどられているが，表面的な問題行動の記述に大部分の紙数が割かれ，幼年期の家族との関係や養育状況に関する記述はきわめて乏しい．最低限必要な関心さえ払われているとはいえない．いずれのケースも，不安定な親子関係や不安定な愛着が強く推測されるが，もちろんそうした視点で事実を知ろうとすることもなく，ごく表面的な視点で，養育環境に目立った問題はないと結論づけている．中産階級の比較的恵まれた家庭の出身者ばかりを取り上げていることも影響しただろう．両親が揃っていて，社会的には問題ない人たちだという表面的な事実に欺かれている．今日的な視点から見ると，見立てにおいて，実に初歩的な過ちを犯しているとしかいいようがない．

虐待などの影響があらためて再認識され始めた20世紀末ごろから，再び養育環境の影響を見直す動きが広がり，共感性の低下に代表される精神病質傾向と，虐待やネグレクトといった非共感的な養育環境との強い関連が報告されるようになった（Weiler and Widom, 1996；Marshall and Cooke, 1999；Lang et al., 2002）．Kosson et al.（2002）は，精神病質傾向と，家族との親密さが負の相関を示すことを見出した．愛着の希薄さが，共感性の発達に負の影響を及ぼすことが示唆される．

また，里親に育てられることは，虐待の有無に関係なく精神病質のリスクを高めることも報告されている（Campbell et al., 2004）．養育者の交代は，虐待やネグレクトとともに愛着障害の主要な原因だが，里親に育てられるケースでは，当然，親との愛着が崩壊したケースが多く，愛着の崩壊が精神病質の傾向を生む一因となると考えられる．

結局，哲学者で『正義論』の著者であるジョン・ロールズ（John Rolls）が述べているように，犯罪者にしばしばみられる共感的な感情の乏しさは，養育者との愛情深い絆の欠如を示しているといえる．

親との絆の希薄さだけでなく，過剰な支配や溺愛も精神病質傾向のリスクを高める．McCartney et al.（2001）の研究によると，精神病質の患者では，それ以外の精神疾患の患者と比べて，親から愛情深い世話を受けていない一方で，過保護に育てられたという傾向が認められている．この一見矛盾する傾向は，実際の臨床でこうしたケースを診てきた者には，大いに納得できるところである．典型的な場合は，母親は養育をほとんど行わず，祖母などが溺愛して育てたというケースである．母親が養育したという場合も，愛情深い世話には欠けているのに，過剰に支配だけはしてきたというケースにもよく出会う．

共感性の発達には，父親の役割も重要だとする報告もある．Gao et al.（2010）は，333名のコミュニティ・サンプルを用いて，3歳までの養育と28歳の時点での精神病質傾向の関連を調べ，幼い頃の母親の不十分な世話とともに，父親の関与不足が精神病質傾向，ことに共感性の低下に関与していることを見出し，母親のみならず父親との絆も重要だと述べている．

近年，反社会的行動とともに情動的な反応の乏しさを示す傾向をもった子どもでは，親とのアイコンタクトが乏しい傾向があることが知られるようになり注目されているが，実験室レベルでの観察ではあるが，母親のアイコンタクトの乏しさは認められず，むしろ父親に同様の傾向があることが報告されている（Dadds et al., 2011）．父親のこうした傾向は，遺伝要因としてのみならず，父親の関与不足や愛着の希薄さといった養育要因としても，子どもの共感性の発達に影響している可能性がある．

共感性には認知的要素と情動的要素があることが知られ，認知的な要素，つまり相手の気持ちを推測し，理解する機能は，いわゆる“心の理論”の能力であり，“mentalization”ともよばれる．このmentalizationが乏しいと，衝動性などの傾向が，より有害な形で行動化しやすいが，逆にmentalizationが高いと，行動上の問題に抑止的に働くとされ，治療的なターゲットとしての重要性が指摘されている（Taubner et al., 2013）．

心の理論やmentalizationの発達は，長く遺伝要因の関与が大きいと考えられてきたが，近年の研究で，養育要因によっても少なからず左右され，ことに愛着が大きなダメージを受けたようなケースでは，その発達に顕著な遅れが認められることがわかってきた．

ルーマニアから養子となってイギリスにやって来た子ども（半年以上施設で養育）と，イギリス国内で生まれて半年未満で養子となった子どもを対象とした研究（Colvert et al., 2008）によれば，11 歳の時点で心の理論と遂行機能を調べると，いずれも前者で低下が著しく，それらの低下は，自閉症類似状態や脱抑制性愛着や不注意／多動と結びつきを示した．愛着形成の臨界期を施設で過ごした前者のケースでは，より重度の愛着障害をかかえることになるが，社会的・認知的発達にも影響し，心の理論や遂行機能の低下を招いたと考えられる．

近年の研究で，高い感受性や応答性の高い養育によって培われる安定した愛着は，その子の後年の自己制御能力や遂行機能のみならず，心の理論の獲得にも関与していることが示されている（Kochanska, 2000）．

愛着形成の失敗は，心の理論の獲得を妨げることで，コミュニケーションに支障をきたすだけでなく，攻撃性を抑止することにも失敗しやすい状況をもたらすのである．

1.8　虐待を受けた子どもと犯罪

児童の矯正施設などで，非行少年に虐待を受けた子どもの割合が異常に高いことが経験的に知られていたが，非行少年のみならず，暴力的な犯罪者や反社会性パーソナリティ障害には，幼児期，児童期，青年期に虐待の被害者が多いことが，多数の研究から裏づけられている（Cohen, 2008）．また，放火のケースでも，虐待を受けたケースが多いことが報告されている．

虐待を受けた子どもでは，児童期において回避型の愛着を示すことが多く，すでに反社会的行動が認められやすい（Finzi et al., 2000）．児童期に認められた非共感的で，反社会的な傾向は，適切な手当てを受けないと，さらにエスカレートしていくと考えられている．

Horwitz et al.（2001）は，虐待やネグレクトで立件されたケースの子ども 641 名と，虐待やネグレクトの記録がない子ども 540 名について，22 歳の時点で面接調査を行った結果，虐待やネグレクトを受けたケースでは，反社会性パーソナリティ障害の傾向が統計学的有意に認められた．

また，Aguilar et al.（2000）の研究によれば，16 歳の時点での反社会的行動を左右したのは，13 歳の時点での母親との関係よりも幼児期の虐待であった．こうした関係は，臨床的にはよく経験することである．非行を犯す少年が，一見すると母親と「良好な」関係にあるようにみえるケースは少なくない．幼い頃に虐待を受けて育ったにもかかわらず，母親にとても気を遣い，とてもいい母親だと理想化しているケースもまれでない．母親も，自分と子どもとの関係は良好で，問題はないと思っている．しかし，実際には，本音がいえず，上っ面では母親に合わせながら，そのギャップを母親のいないところで非行という形で晴らしている．ネグレクトと支配が併存していることも多く，愛着は不安定で回避型の特徴を示す．

120名の貧困層の青年とその母親を対象とした研究（Shi et al., 2012）によると，反社会性パーソナリティ障害の診断に該当した青年は8名（7.4%）であったが，47%が1項目以上の診断基準に該当した．一家の収入や母親が一人親かどうか，母親の学歴などは，子どもの反社会性パーソナリティ障害の傾向と無関係であったが，幼年期の虐待は有意な関係を認めた．しかも，身体的，性的な虐待だけでなく，言葉による虐待も同様の傾向を示した．だが，虐待の有無に関係なく，反社会性パーソナリティ障害のリスクにもっとも関係していたのは，1歳半の時点で，母親が自分の世界に引きこもり，子どもに対して無反応なことであった．また，混乱型愛着パターンが8歳の時点でも認められる場合には，反社会性パーソナリティ障害に発展するリスクが高まった．

虐待という体験自体が犯罪のリスクを高めるのか，虐待によって愛着が不安定化することが，犯罪のリスクを高めるのか，両方のパスウェイが考えられるが，どちらも関与しているというのが実際のところであろう．

1.9 「誰でもよかった」型犯罪と回避型愛着

20世紀の終わりごろから，死刑になりたいために，不特定多数の人を巻き込む大量殺人事件が相ついで起きた．2008年に起きた「土浦連続殺傷事件」の犯人が語った「誰でもよかった」という言葉は，流行語のように新聞や雑誌の紙面に踊った．さらにその3カ月後には「秋葉原無差別殺傷事件」が起き，7人もの人命が奪われる大惨事となった．

こうした通り魔殺人，大量殺人は，身近な存在が被害者となりやすい通常の暴力犯罪とは，被害者との心理的距離感に対照的な違いがみられる．怒りや復讐心は，社会という抽象化された他者に向けられる．犯行を行ったものに共通するのは，「無口で大人しかった」という評判であり，そのことに象徴される周囲との希薄な人間関係である．彼らは例外なく社会から孤立しており，親との関係にも距離が生まれている．愛着スタイルとしては，親密な関係をもちにくい回避型愛着スタイルが推測されるが，実際，筆者がかかわったケースでは，不特定な被害者に対して犯行におよんでいる場合，例外なくその傾向が強かった．そこには，もちろん遺伝要因の関与もあるだろうが，多くのケースに共通してみられる冷たい親子関係からは，必然的に養育の問題が浮かび上がる．

このタイプの犯罪は，近年になってクローズアップされたが，実際にはかなり以前からあり，その先駆け的な一例が，1968 年（昭和 43）に起きた連続射殺事件である．わずか 1 カ月足らずの間に，東京，京都，函館，名古屋で，ガードマンやタクシー運転手が拳銃で撃たれて殺害された．文字どおり日本列島を震撼させた事件である．半年後，犯人として逮捕されたのは，小柄で無口な 19 歳の少年・永山則夫だった．

永山は当初黙して語らず，収容された少年鑑別所でも自殺を図ろうとした．公判でも何も反論せず，死刑判決をただ待ち望んでいるかのようであった．そこに訪れたのが，元中央公論社の編集者で，後に直木賞作家となる井出孫六である．

この間の事情については，近年出版された堀川惠子の著書（堀川，2013）に詳しい．永山に接見した井出は，永山に今までのことをもっと話すように勧めたが，その後訪ねた弁護士から，永山が獄中手記を書いていることを知らされ，その内容を見た井出は，再度永山に接見して，出版を勧めたのである．こうして出版されたのが『無知の涙』（永山，1971）であり，大ベストセラーとなる．印税は被害者遺族に支払われた．

『無知の涙』には，一方には啄木的な見捨てられた者の悲哀感と，もう一方にはマルクス主義の影響を受けた「犠牲者としてのプロレタリアート」という観念の融合が認められるが，学生運動が盛り上がりを見せていた当時の日本社会は，永山を「貧困の犠牲者」として，「日本のラスコリーニコフ」として祀り上げたのである．

このように当時は，貧困という社会的要因から永山の事件を理解しようとする風潮が強かったのだが，永山の精神鑑定にあたった精神科医・石川義博は，問題の本質を的確にとらえていた．石川は 2 カ月の鑑定留置の間，連日のように永山本人の面接を行っただけでなく，母親など家族にも面接を行い，その背景を掘り下げていった．石川が重視したのは母親との関係であったが，母親自身の母親との関係にも細心の注意を払って，聞き取りを行った．そこから浮かび上がったのは，単なる貧困という言葉では片づけられない驚くべき事実であった．

永山は，逮捕後，少年鑑別所に収容されていたとき，母親との面会を強く拒んだという．教官の指導により渋々応じたとき，永山の口から最初に飛び出したのは，「おふくろは，俺を3回捨てた」という言葉だった（堀川，2013）．

永山は，北海道の網走に，8人きょうだいの7番目として生を受けた．一時は，リンゴ栽培の腕のいい職人だった父親の稼ぎで，それなりに裕福だったが，永山が生まれる頃には，父親の賭博癖の再燃によって，一家は経済的に貧窮していただけでなく，両親の夫婦仲も険悪なものに変わり果てていた．母親は行商の仕事に出なければならず，永山は母乳のかわりに重湯を与えられたという．永山の世話は長姉に任されていたので，後年，母親は永山の幼い頃の記憶を何一つ思い出せないほどだった．母親はオムツ一つ替えたことがなかった．その意味で，永山は生まれたときから見捨てられていたのである．

永山は長姉を母親のように慕っていた．だが，さらなる不幸が見舞う．永山が3歳のとき，長姉は結婚の約束をしていた相手から捨てられたうえ，身ごもっていた子どもを泣く泣く堕胎させられたショックから精神病を発症し，精神病院に隔離されてしまったのである．

それからわずか半年後，今度は母親が，2人の子どもだけを連れて，秋田に逃げてしまった．夫から逃れるための計画的な逃亡だったが，連れて行ったのは，一番幼い末っ子と，その世話をするための次女だけだった．すでに独立していた長男，入院中の長女を除く他の4人の子どもは，1週間分の食糧とともに極寒の網走に，遺棄同然に残されたのである．

鑑定にあたった石川は，母親がその行為になんら悔恨も覚えていないことに注目するとともに，その要因を母親自身の体験に遡って理解しようとした．実は，母親自身も，まったく同じような状況で，両親から捨てられた経験があったのである．まだ10歳にもならなかったとき，両親だけが樺太から内地に帰ってしまい，奉公に出されていた母親は1人残されて，暮すことを余儀なくされた．その後母親は，ロシア領のニコラエフスクに渡って奉公を続けていたが，そこで起きた在留日本人虐殺事件に遭遇し，命からがら軍に保護されて，実家に送り届けられるという目にあっている．

そうした体験を生き延びてきた母親自身，子どもに対して愛情に乏しい面があった点を石川はいみじくも指摘しているが，母親との間に，温もりのある愛着が育まれなかったのも無理はないといえる．永山にみられる共感性の欠落や抽象化された社会への怒り，復讐心は，彼が抱える愛着の傷と深く結びついていたのだろう．

結局，抽象化された他者への怒りとは，自分を愛してくれなかった母親への怒りに行きつくのかもしれない．もっとも親密な関係を築くべき存在である母親に拒否された傷をひきずる未解決・回避型愛着の人にとって，母親に向けられるはずの怒りは，もっとも遠い他者へとつながるのだろうか．

1.10　父親との愛着の問題

これまで，愛着というと母親との関係ばかりが強調され，父親の存在は軽視されがちであった．Rutter（1982）は，母親ばかりを重視することを危惧し，父親との絆の重要性を見直すべきだと論じた．その予言どおりに，近年，父親との愛着もまた意外に重要な役割を果たしているという報告が増え，父親との愛着に関心が高まっている．

実際，非行臨床の現場では，父親の役割が大きいことは，経験的にもよく知られていることであった．両親が揃っている場合に比べて，母親のみの家庭では，非行のリスクは5倍程度に増加する（岡田，2013）．もちろん，母親が不在で父親だけの家庭では，そのリスクはさらに高まり，両親が揃っている場合に比べると10倍以上になるが．社会性の獲得において，母親の役割はもちろん大きいものの，父親の役割も軽視することはできない．

Goodwin and Styron（2012）は，国民疾病調査のデータ（N=8098）を用いて，子ども時代の父親との関係と現時点での精神疾患の有無や社会的機能との関係を分析した．その結果，父親との関係が乏しいと，気分障害や不安障害に罹患している傾向がみられ，また社会的機能が低く，愛着スタイルも不安定な回避型か不安型を示しやすかった．

最近のある研究（Jones and Cassidy, 2014）は，母親の愛着スタイルだけでなく父親の愛着スタイルも，親が子どもの安全基地としてうまく機能するのに影響するかを調べた．その結果，母親の愛着回避が，子どもにとっての安全基地としての機能を妨げる一方で，父親の愛着不安が，安全基地としての機能を損ないやすいことを見出した．

Gao et al.（2010）は，幼い頃の母親，父親との絆の強さや養育状態と，28 歳の時点での精神病質傾向の関係を調べた．母親の世話不足だけでなく父親の保護不足も，子どもの精神病質傾向と結びつきを示し，行動上の問題は，とくに母親の世話不足との関係が強かったが，共感性の低下には，父親の保護不足も関係していた．

Farrington（2006）は，親の監督が不十分だと，衝動性や無責任，反社会的な傾向が増しやすいが，思いやりや共感性の低下には必ずしも結びつかず，むしろ父親のかかわりの乏しさが，精神病質傾向，なかでも共感性の低下と関係していると報告した．107 例の性犯罪者が抱える愛着の問題について調べた研究（McKillop et al., 2012）によると，親との愛着は，愛情の乏しい支配によって特徴づけられるが，母親以上に父親との愛着が不安定な傾向を認めている．

このように共感性や思いやりの発達には，父親との安定した愛着やかかわりが重要という報告が相ついでいる．現代社会は「父親なき社会」の様相を強めている．父親の不在は，子どもの共感性や社会性を育むうえでも，不利な状況をつくり出しているといえる．

1.11　家庭内暴力，DV と愛着障害

家庭内暴力（domestic violence：DV）は，通常，配偶者間，親子間で起きる身体的，精神的（言葉による），性的な暴力であるが，その延長にあるものとして恋人間の暴力も DV として扱われる．家庭内暴力や DV は，犯罪として立件されるケースは少ないものの，頻繁に起きやすい暴力犯罪だといえる．DV が原因で家庭崩壊や離婚に至るケースはおびただしく，恋人間の DV も，うまく解決できないと無惨な犯罪に至ることもあり，社会的にも非常に関心の高い重要な問題となっている．

DV の特徴は，親密な関係にある存在にだけ攻撃や暴力的支配が起きることで，第三者に対しては，まったく暴力的なところなどなく，きわめて礼儀正しく控えめな人物であるというケースも多い．親密な関係において問題が強まるということから，不安定な愛着の関与が疑われるのであるが，まさにそのとおりで，ボウルビィも論文「愛着の障害としての家庭内暴力」で取り上げている（Bowlby, 1984）．その後，多くの研究がその事実を裏づけている．

家庭内暴力と愛着スタイルの関係については，大きく二つの観点から究明が行

われてきた．一つは，家庭内暴力を行う“加害者”に特徴的な愛着スタイルはあるのかという観点であり，もう一つは，被害者側に着目したもので，家庭内暴力の被害に遭いやすい人には，特徴的な愛着スタイルがあるのか，また，家庭内暴力にさらされて育った人では，特徴的な愛着スタイルを示すのかという観点での研究である．

Babcock et al.（2000）は，家庭内暴力の夫23名と，結婚生活はうまくいっていないが，家庭内暴力のない夫13名に，成人愛着面接（Adult Attachment Interview：AAI）を実施した．暴力的な夫の74％に不安定な愛着スタイルが認められたのに対して，暴力的でない夫での割合は38％にとどまった．他の多くの研究も，妻に暴力をふるう夫では，そうでない夫に比べて不安定な愛着スタイルが高頻度で認められるという結果を報告している．

大学生のカップルを対象に，デート中の心理的な暴力（言葉の暴力）について調べた研究によると（Gormley and Lopez, 2010），愛着回避の傾向が男女ともそのリスクを高める傾向が認められた．

一方，DV被害にあった女性の愛着スタイルは，不安定型のなかでも不安型が多いという結果が示されている（Bond and Bond, 2004）．この研究ではさらに，単に暴力をふるう側の愛着スタイルだけでなく，双方の愛着スタイルの組み合わせも影響する可能性が示唆されている．回避型の男性と不安型の女性の組み合わせでは，DVのリスクが高まったのである．Doumas et al.（2008）も同様の結果を報告している．70組のカップル双方の愛着スタイルとパートナー間の暴力との関係を調べた結果，回避型の男性と不安型の女性という組み合わせのとき，カップル間の暴力が，男性，女性のどちらからも起きやすかったのである．

こうした結果は，DVへの取り組みにおいて現在主流となっている司法的モデル，つまりDV加害者とDV被害者という視点での介入が，問題の本質を捉え損なっている可能性を示している．実際，現在広く行われている介入方法では，関係を修復するよりも終息させる方向に向かいがちである．修復を目指すのであれば，愛着スタイルのダイナミズムという視点が必要になる．

1.12　依存症にともなう犯罪と愛着障害

不安定な愛着はさまざまな依存症のリスクとなることがわかってきている．ドラッグ依存者では，非常に不安定な愛着，ことに恐れ型fearful（混乱型に相当）

の愛着を示す割合が高く, その傾向は, 依存の度合いとも相関を示した（Schindler et al., 2005）. アルコールやギャンブル, インターネット, 恋愛への依存においても, 不安定な愛着との関連が指摘されている.

違法薬物への依存行為はそれ自体犯罪であるが, それ以外の依存症も, 間接的に犯罪のリスクを高めてしまう場合がある. 今日, 依存症は報酬系の異常と理解されているが, さまざまな依存症で, 報酬系を統御する眼窩前頭野などの機能低下, 萎縮などの異常が報告されている. 眼窩前皮質（prefrontal cortex）は, 善悪の判断や道徳観, 行動の抑制などに中心的な役割を果たしていると考えられている. その領域の機能低下は, 当然, 犯罪のリスクを高めることになる. つまり, 不安定な愛着は, 依存症を介して, 犯罪のリスクを増加させる可能性がある.

1.13　窃盗癖と愛着障害

小説『泥棒日記』の作者で, 20 世紀のフランスを代表する作家の一人といわれるジャン・ジュネ（Jean Genet）は, まさに半生を泥棒として過ごした. 窃盗で 13 回有罪判決を受け, 社会と感化院や刑務所をたえず往復した. ジュネは, また典型的な愛着障害のケースでもあった. 生後 7 カ月で遺棄され, 里親のもとで育ったジュネは, 養母にかわいがられ, 同じ境遇の子どもとしては, まだ恵まれている方であったが, 愛着障害に特有の, ドライで不安定な対人関係の傾向がしだいに強まるのを免れることはなかった.

養母やその娘は優しかったものの, 実子の息子がジュネに敵対的で, 彼を目の仇にしたことも災いした. ジュネの窃盗癖が始まったのは, 第一次世界大戦に出征していた息子が, 戦争から帰ってきて, ジュネが独占していた愛情を, 再び奪うようになってからである. ジュネが盗むのは, かわいがってくれていた養母やその娘, また学校からであった. 学校もまた彼を評価してくれていたのであるが.

その後も彼は親しくしている友人からよく盗んだ. 盗みは彼にとって, 愛情の不足を補う行為であり甘えの代用だったに違いないが, 同時に, 自分の状況に対するひがみや不遇感への復讐という面もみられた. 実際, 彼は, その頃から, 盗みを正当化する言辞を口にしていた. ジュネにとって, 盗みはしだいに自分のアイデンティティとなっていくが, その萌芽が 10 歳過ぎの頃に見られている.

問題が深刻になったのは, ジュネが 11 歳のとき, 養母が亡くなってからである. 敵対していた息子は, ジュネに労役を強いようとして, 対立が深まっていく. 2

年後，ついに里親先を飛び出したジュネを待っていたのは，泥棒と転落の人生であった．

先にも触れたように，ボウルビィは初期の研究で，44名の窃盗犯の青年の養育環境を調べ，例外なく親との離別や愛情不足を味わっているという事実を見出している．

Follan and Minnis（2010）は，ボウルビィのケースを検討し直し，多くのケースが母親からの早期の分離を体験していただけでなく，それ以前に虐待やネグレクトを受けていたことが推測されるとして，早期の母子分離よりも虐待が原因ではないかと考察している．

早期の母子分離と虐待のどちらが，より悪影響が強いかはともかく，母親の世話・保護の不足という点では異論がないところである．近年の研究でも，窃盗癖の養育背景には，両親どちらからも，愛情深い世話が不足している傾向が顕著で，また，母親の保護も乏しい傾向が報告されている（Grant and Kim, 2010）．

愛情の代用として万引きが行われる状況は，境界性パーソナリティ障害や摂食障害のケースでも，しばしば出会う．こうしたケースでは，例外なく不安定な愛着を抱え，親，とくに母親との関係がぎくしゃくしている．

ある17歳の女性は，過食と吐き戻しを特徴とする摂食障害の症状を示していたが，彼女のもう一つの問題は，援助交際や万引き行為を止められないことだった．逮捕されたとき，彼女の部屋には，置き場がないほど大量の衛生用品やファンシーグッズがあふれていた．必要もない品物を盗み続けていたのである．

彼女の両親は，彼女が小学4年生のときに離婚し，兄とともに母親に引き取られたが，しだいに母親との関係が悪化し，父親にお金を出してもらって一人暮らしを始めた．母親と兄が仲よくしているのが腹立たしく，母親に素直に甘えることができないという思いをひきずっていた．

彼女が幼い頃に，すでに両親の関係は冷え込んでおり，母親も不安定だった．父親は経済的に裕福だったが，他の女性と生活しており，経済的な支援はしてくれるものの，精神的に頼ることはできなかった．愛情欲求が満たされないはけ口を，年上の男性との行きずりの関係や万引き行為で満たそうとしていたのである．

実際，こうしたケースの改善には，愛情欲求が満たされ安全基地となる存在が確保されることが不可欠である．このケースの場合も，事件を起こすことによって，親のかかわりが増したことが，改善のきっかけとなった．

ジュネのように常習化した窃盗癖では，改善はいっそう困難だが，彼は33歳のときに逮捕されたのを最後に，刑務所と縁を切ることができた．その助けとなったのは，ジュネを支えようとした友人との関係であり，作家として新たなアイデンティティを見出したことであっただろう．

1.14　性犯罪と愛着障害

不安定な愛着の影響は，対人関係全般のスタイルにかかわるが，とくに夫婦や親子といった親密な関係において強まりやすい．親密な関係を前提とする性愛も，不安定な愛着に，敏感に影響を受ける領域である．

親密な関係の困難は，健全な形での性的関係をもつことに支障を生じさせる．性欲や性的な願望だけが先走りしてしまうと，相手の気持ちや意思を踏みにじって暴走することも起きやすくなる．つまり愛着障害や不安定な愛着は，性犯罪のリスクを高めてしまうことが懸念される．その危惧を裏づけるように，性犯罪者の多くには不安定な愛着が見出されている．さらに，近年わかってきたことは，性犯罪のタイプによって愛着スタイルに違いが認められることである．

61人の性犯罪者と40人の非性犯罪者を比べたStirpe et al.（2006）は，成人愛着面接（AAI）を行い，いずれの群も，大部分のケースで不安定な愛着スタイルが認められたが，性犯罪のタイプによって愛着スタイルに大きな違いがあることを見出した．つまり，児童をターゲットにした性犯罪では，とらわれ型（不安型に相当）が多いのに対して，強姦や性暴力犯罪では，愛着軽視型（回避型に相当）が高率に認められたのである．

61人の小児に対する性犯罪者と，51人の健常対照群を比較した研究（Wood and Riggs, 2008）によると，小児性犯罪者では愛着不安が強い傾向を認めている．小児に対する性犯罪者と，成人を対象とする性犯罪者，性犯罪以外の非行を行った者を比べた研究（Miner et al., 2010）でも，小児に対する性犯罪者では，愛着不安が強い傾向を認めているが，同時に，親密さを求める気持ちや性的欲求が強い傾向がみられている．そのアンバランスを解消する方法として，対等な成人ではなく，小児に対象を求めたという状況が認められると考察している．

しかし，日本における青少年の事犯では，必ずしもそうした傾向は当てはまらない印象がある．とくに不特定な被害者に対する性犯罪では，むしろ愛着回避の傾向が強い．筆者が医療少年院で経験した10数例の性犯罪のケースでは，成人を対象としたものも，児童を対象としたものも，親密な関係が苦手で，共感性が乏しい回避型のケースが圧倒的に多かった．児童に対する強制わいせつなどのケースでは，自閉症スペクトラムに愛着障害が併存しているケースがほとんどであった不安定な愛着を抱えているという点は共通しているが，愛着スタイルについては，まだ慎重に議論する必要があるだろう．

小学生や中学生の女の子を廃屋に連れ込んで，性的ないたずらを繰り返していた高校生のケースでは，特異な生育歴が認められた．彼が生まれて１歳にもならないときに，国際結婚していた両親の折り合いが悪くなり，うつ状態になった母親は遠い母国に帰ってしまった．乳房を求めるので，父親は自分の平たい乳房を吸わせたという．父親は，お前を置いて帰ってしまった母親を憎めと教えたという．ところが，小学校に上がった年，もう一度子どもと暮したいと，母親が戻ってくることになる．しかし，彼の記憶に母親の姿はなく，なかなか懐かなかった．「お母さん」とよぶのにも時間がかかった．

だが，その後の学校生活にはとくに問題はなかった．勉強もスポーツもでき，何でもそつなくやりこなしていた．クラスにそれなりに友人もいた．ただ，家に連れてくるような親しい友人はいなかった．母親との関係も，どこかよそよそしさが残った．

つまずきの始まりは，高校受験に失敗し，第一志望校に進めなかったことだった．性的なゲームに熱中するうちに，同じシチュエーションを試してみたくなり，スタンガンで小学生を脅して，犯行に及んだのである．その後，騒がれて発覚するまで，犯行を繰り返した．知的能力も高く，リーダーシップをとることもできたが，それと裏腹に，心が存在しないのかと思うような共感性の低下が特徴的だった．

この事件では，もう一つ奇妙なことが起きていた．犯行現場となった廃屋は，実は，その子がまだ乳飲み子として母親と暮したわずかの間，生活をともにした家だったのである．父親の話では，そのことを本人も知らないはずだという．偶然とはいえ，不思議な運命のめぐりあわせであった．

先にも触れたMcKillop et al. (2012)の研究によると，最初の性犯罪に至る前に，回避的傾向が強まっている状況をしばしば見出すという．この少年の場合も，現実的な温もりのあるかかわりからいっそう退いて，性的ファンタジーの世界に没入していた．

Maniglio（2012）は，性犯罪者の性的ファンタジーの由来を考察し，非機能的な養育の結果，つくり出された不安定な愛着スタイルが，不全感や他者への劣等感，ふさわしい他者と親密な関係をもつための自信や社会的スキルの欠如を生んでいたことが推測されるとし，親密な愛着への欲求と現実とのギャップを埋めるために，内的なファンタジーに頼るようになったという仮説を呈示している．

性犯罪を繰り返すかどうかの予後を予測する因子として，感情力尺度（Affective Strength Scale）が有用であることが報告されている（Worling and Langton, 2014）．感情力尺度は自分の感情を表現したり，他者からの愛情を受けとめる能力である．愛着不安や愛着回避が強い人では，このスコアが低下する．つまり，この結果の意味は，安定した愛着が，性犯罪の再発に抑止的に働くといいかえることができるだろう．

1.15　愛着の関与は希望の灯ともなる

さまざまな角度から，愛着障害や不安定な愛着が，犯罪の背景にしばしば認められ，反社会的行動や非共感的な暴力を生む一因となっていることを見てきた．

だが，同時に付け加えておかねばならないことは，犯罪行為の原因を，子ども時代の愛着やその人の愛着スタイルに単純に求めることができる問題ではないということである．いうまでもないことだが，犯罪行為は，社会経済的状況に大きく影響を受けるし，遺伝的要因，年齢的要因もかかわってくる．また，愛着の問題は反社会性や犯罪という問題にだけ特異的に結びつく問題でもない．反社会的行為という形で行動化する場合もあるが，まったく逆に自分に攻撃を向けたり，精神的な症状の形で表れることも多い．

医療刑務所の収容者と社会経済状態が恵まれない一般人口で，安定型の愛着スタイルの割合を比較した研究（Van IJzendoorn, 1997）によると，困窮層での安定型の割合は，通常よりも低い39％であったのに対して，犯罪者群では，さらに低く5％にとどまった．しかし，精神的な疾患で医療を受けている人での安定型の割合は6％であったことから，犯罪群に特異的に不安定な愛着が多いというよりも，不安定な愛着は，精神疾患と犯罪のリスクを区別なく増やすと理解できる．

この傾向は，すでに児童期から観察されていることで，不安定な愛着は，攻撃的行動や反抗などの形で外面化する場合と，抑うつや不安という形で内面化する場合があることは，よく知られた事実である．どちらの方向に出るかは，併存する要因に左右されると考えられる．

しかし，特異的な要因でないことは，成因を論ずる場合には不十分だが，治療や予防を論ずるのには十分有効な方策となりうる．犯罪や反社会的行動を理解するうえで，愛着の関与が重要なのは，愛着というものが先天的な要因による部分よりも，後天的な要因に負うところが大きく，しかも，成人した後も，ある程度修正が可能であることによる．たとえば，遺伝要因の関与をいくら強調したところで，問題の改善には何の役にも立たない．その行きつく先は，犯罪者は改善不能なので，社会から隔離して閉じ込めておくしかないという結論である．実際，そうした理論に基づいて，アメリカでは犯罪対策がとられてきた．しかし，その結果は，とうてい見習いたいものではないにもかかわらず，少なからず日本にも採り入れられてきた．

たとえば，その一例はDVに司法的モデルをもち込んで，加害者ー被害者という枠組みで扱おうするやり方である．その結果は，関係を修復する方向には向かわず，関係を断絶させ，終息させる方向に加速してきた．離婚家庭や一人親家庭，施設や里親のもとで育つ子どもを増やし，愛着の崩壊に手を貸すことは，本当に問題の解決になっただろうか．

結果は惨憺たるものである．児童虐待といった問題は一向に改善せず，悪循環を繰り返した結果，今では実父母に育てられていない子どもが，4分の1に達する状況となっている．実の両親に育てられた子どもよりも，親以外の者に育てられた人では，犯罪者になるリスクが何倍にもなるのにである．その方向に進んでも，バラ色の未来が待っているとは思えない．

むしろ，進むべき道は，愛着を修復する方法を探ることではなかったのだろうか．たとえ犯罪者の遺伝負因をもっていても，共感的な養育を受けた子どもでは，反社会的な行動のリスクが大幅に減る．安定した愛着を提供できるような養育環境を守る取り組みこそが，不幸の連鎖を止めることになるのではないのだろうか．身近な存在に対して安定した愛着を回復することにより，犯罪のリスクを低下させることができるのではないだろうか．実際，配偶者やパートナーに対して強い愛着をもつことは，犯罪行為に対して抑止的な効果を認めている（Quinton and Rutter, 1984）．

愛着の安定化こそが，犯罪や非行の防止や更生にカギを握るように思われる．

改善困難とされた非行少年が回復し，更生を遂げたケースでは，かかわった担当職員との間に信頼関係が築かれ，それを足がかりに家族との関係も安定化したという経過をたどっている．そこで変化した要素は，愛着の安定化にほかならないだろう．家族がまったく無理解で，自分たちの問題点を振り返ることが困難で，愛情も乏しいという場合には，回復は難航しやすいが，その場合にも，第三者が親がわりの存在となり，「安全基地」としてかかわり続けることで，再犯が抑止され，ついには回復に至っている．

筆者は，現在，市井のクリニックで臨床を行っているが，併設のカウンセリング・センターと連携していることもあり，子どもを虐待してしまうという母親のケースや夫婦間，親子間の暴力のケースといった身近な暴力のケースを扱うことも多い．その場合に，暴力の部分だけを切り出して，そこをコントロールしようとする方法は逆効果になりがちで，むしろ愛着の安定化ということに焦点を当てたアプローチを行っている．非常に効果的で，今後重要性を増すアプローチだと感じている．［岡田尊司］

文　献

Aguilar B, Sroufe LA, Egeland B, Carlson E : Distinguishing the early-onset/persistent and adolescence-onset antisocial behavior types : from birth to 16 years. *Dev Psychopathol* **12** (2), 109–132, 2000.

Babcock JC, Jacobson NS, Gottman JM, Yerington TP : Attachment, emotional regulation, and the function of marital violence : differences between secure, preoccupied and dismissing violent and nonviolent husbands. *J Fam Violence* **15**, 391–409, 2000.

Bond SB, Bond M : Attachment styles and violence within couples. *J Nerv Ment Dis* **192** (12), 857–863, 2004.

Bowlby J : Forty-four juvenile thieves : Their characters and home life. *Int J Psychoanal* **25**, 19–52, 107–127, 1944.

Bowlby J : Maternal Care and Mental Health. World Health Organisation, 1951.

Bowlby J : Violence in the family as a disorder of the attachment and caregiving systems. *Am J Psychoanal* **44** (1), 9–27, 29–31, 1984.

Bowlby J : Attachment and Loss, Second Edition, Vol. 1–3. Basic Books, 1982–1983.（J・ボウルビィ，黒田実郎ほか訳：母子関係の理論，新版 I，II，III．岩崎学術出版社，1991）

Campbell MA, Porter S, Santor D : Psychopathic traits in adolescent offenders : an evaluation of criminal history, clinical, and psychosocial correlates. *Behav Sci Law* **22**, 23–47, 2004.

Cassidy J : Emotion regulation : Influences of attachment relationships. *Monogr Soc Res Child Dev* **59** (2–3), 228–249, 1994.

Cleckley HC : The Mask of Sanity. St Louis : Mosby, 1976.

Cohen P : Child development and personality disorder. *Psychiatr Clin North Am* **31** (3), 477–

493, 2008.

Colvert E, Rutter M, Kreppner J, Beckett C, Castle J, Groothues C, Hawkins A, Stevens S, Sonuga-Barke EJ : Do theory of mind and executive function deficits underlie the adverse outcomes associated with profound early deprivation? : findings from the English and Romanian adoptees study. *J Abnorm Child Psychol* **36**(7), 1057-1068, 2008.

Crandell LE, Hobson RP : Individual differences in young children's IQ : a social-developmental perspective. *J Child Psychol Psychiatry* **40**(3), 455-464, 1999.

Dadds MR, Jambrak J, Pasalich D, Hawes DJ, Brennan J : Impaired attention to the eyes of attachment figures and the developmental origins of psychopathy. *J Child Psychol Psychiatry* **52**(3), 238-245, 2011.

Domes G, Hollerbach P, Vohs K, Mokros A, Habermeyer E : Emotional empathy and psychopathy in offenders : an experimental study. *J Pers Disord* **27**(1), 67-84, 2013.

Doumas DM, Pearson CL, Elgin JE, McKinley LL : Adult attachment as a risk factor for intimate partner violence : the mispairing of partners' attachment styles. *J Interpers Violence* **23**(5), 616-634, 2008.

Farrington DP : Family background and psychopathy. In Handbook of Psychopathy (Patrick CJ ed), pp. 229-250, New York : Guilford Press, 2006.

Feyerabend PK : Killing Time : The Autobiography of Paul Feyerabend. University Of Chicago Press, 1995.（ポール・ファイヤアーベント，村上陽一郎訳：哲学，女，唄，そして…―ファイヤアーベント自伝―．産業図書，1997）

Finzi R, Cohen O, Sapir Y, Weizman A : Attachment styles in maltreated children : a comparative study. *Child Psychiatry Hum Dev* **31**(2), 113-128, 2000.

Follan M, Minnis H : Forty-four juvenile thieves revisited : from Bowlby to reactive attachment disorder. *Child Care Health Dev* **36**(5), 639-645, 2010.

Fonagy P, Leigh T, Steele M, Steele H, Kennedy R, Mattoon G, Target M, Gerber A : The relation of attachment status, psychiatric classification, and response to psychotherapy. *J Consult Clin Psychol* **64**, 22-31, 1996.

Gao Y, Raine A, Chan F, Venables PH, Mednick SA : Early maternal and paternal bonding, childhood physical abuse and adult psychopathic personality. *Psychol Med* **40**(6), 1007-1016, 2010.

Goodwin RD, Styron TH : Perceived quality of early paternal relationships and mental health in adulthood. *J Nerv Ment Dis* **200**(9), 791-795, 2012.

Gormley B, Lopez FG : Psychological abuse perpetration in college dating relationships : contributions of gender, stress, and adult attachment orientations. *J Interpers Violence* **25**(2), 204-218, 2010.

Grant JE, Kim SW : Temperament and early environmental influences in kleptomania. *Compr Psychiatry* **43**(3), 223-228, 2002.

Greenberg MT, Speltz ML : Attachment and the ontogeny of conduct problems. In Clinical Implications of Attachment (Belsky J, Nezworski T eds), pp. 177-218, Hillsdale, NJ : Lawrence Erlbaum Associates, 1988.

Gregory A : Kimble Principles of General Psychology. John Wiley and Sons, 1980.

Grusec JE, Goodnow JJ : Impact of parental discipline methods on the child's internalization of values : A reconceptualization of current points of view. *Dev Psychol* **30**, 4-19, 1994.

Hertsgaard L, Gunnar M, Erickson MF, Nachmias M : Adrenocortical responses to the strange situation in infants with disorganized/disoriented attachment relationships. *Child Dev* **66**(4), 1100-1106, 1995.

Hirschi T：The Causes of Delinquency. Berkeley, CA：University of California Press, 1969.

Holmes J：John Bowlby and Attachment Theory (Makers of Modern Psychotherapy). Routledge, 1993.

堀川惠子：永山則夫　封印された鑑定記録．岩波書店，2013.

Horwitz AV, Widom CS, McLaughlin J, White HR：The impact of childhood abuse and neglect on adult mental health：a prospective study. *J Health Soc Behav* **42**(2), 184-201, 2001.

Jones JD, Cassidy J：Parental attachment style：examination of links with parent secure base provision and adolescent secure base use. *Attach Hum Dev* **16**(5), 437-461, 2014.

Kimonis ER, Cross B, Howard A, Donoghue K：Maternal care, maltreatment and callous-unemotional traits among urban male juvenile offenders. *J Youth Adolesc* **42**(2), 165-177, 2013.

Kobak RR, Hazan C：Attachment in marriage：effects of security and accuracy of working models. *J Pers Soc Psychol* **60**(6), 861-869, 1991.

Kochanska G, Kim S：Toward a new understanding of legacy of early attachments for future antisocial trajectories：evidence from two longitudinal studies. *Dev Psychopathol* **24**(3), 783-806, 2012.

Kochanska G, Murray KT, Harlan ET：Effortful control in early childhood：continuity and change, antecedents, and implications for social development. *Dev Psychol* **36**(2), 220-232, 2000.

Kosson DS, Cyterski TD, Steuerwald BL, Neumann CS, Walker-Matthews S：The reliability and validity of the Psychopathy Checklist：Youth Version (PCL-YV) in nonincarcerated adolescent males. *Psychol Assess* **14**, 97-109, 2002.

Lang S, af Klinteberg B, Alm P-O：Adult psychopathy and violent behavior in males with early neglect and abuse. *Acta Psychiatr Scand* **106**, 93-100, 2002.

Main M, Solomon J：Procedures for identifying infants as disorganized/disoriented during the Ainsworth Strange Situation. In Attachment in the Preschool Years：Theory, Research, and Intervention (Greenberg MT, Cicchetti D, Cummings EM eds), pp. 121-160, Chicago, IL：University of Chicago Press, 1990.

Maniqio R：The role of parent-child bonding, attachment, and interpersonal problems in the development of deviant sexual fantasies in sexual offenders. *Trauma Violence Abuse* **13**(2), 83-96, 2012.

Marcus RF, Gray L Jr：Close relationships of violent and nonviolent African American delinquents. *Violence Vict* **13**(1), 31-46, 1998.

Marshall LA, Cooke DJ：The childhood experiences of psychopaths：a retrospective study of familial and societal factors. *J Pers Disord* **13**, 211-225, 1999.

Mawson AR：Aggression, attachment behavior, and crimes of violence. In Understanding Crime：Current Theory and Research (Hirschi T, Gottfredson MR eds), pp. 103-116, Beverly Hills, CA：Sage Publications, 1980.

McCartney M, Duggan C, Collins M, Larkin EP：Are perceptions of parenting and interpersonal functioning related in those with personality disorder? Evidence from patients detained in a high secure setting. *Clin Psychol Psychother* **8**, 191-197, 2001.

McKillop N, Smallbone S, Wortley R, Andjic I：Offenders' attachment and sexual abuse onset：a test of theoretical propositions. *Sex Abuse* **24**(6), 591-610, 2012.

Mikulincer M：Adult attachment style and individual differences in functional versus dysfunctional experiences of anger. *J Pers Soc Psychol* **74**(2), 513-524, 1998.

Mikulincer M, Shaver PR：Attachment in Adulthood：Structure, Dynamics, and Change. Guilford Press, 2007.

Miner MH, Robinson BE, Knight RA, Berg D, Romine RS, Netland J：Understanding sexual perpetration against children：effects of attachment style, interpersonal involvement, and hypersexuality. *Sex Abuse* **22**(1), 58-77, 2010.

Music G：Nurturing Natures：Attachment and Children's Emotional, Sociocultural and Brain Development. Psychology Press, 2011.

永山則夫：無知の涙．合同出版，1971.

岡田尊司：愛着崩壊．角川選書，2012.

岡田尊司：父という病．ポプラ社，2013.

Patterson GR：The aggressive child：victim and architect of a coercive system. In Behavior Modification and Families (Mash EJ, Hamerlynck LA, Handy LC eds), pp. 267-316, New York：Brunner/Mazel, 1976.

Prior J, Glaser D：Understanding Attachment and Attachment Disorders：Theory, Evidence and Practice. Jessica Kingsley Publishers, 2006.（ビビアン・プライア，ダーニャ・グレイサー，加藤和生監訳：愛着と愛着障害．北大路書房，2008）

Quinton D, Rutter M：Parents with children in care：I. Intergenerational continuities. *J Child Psychol Psychiatry* **25**, 231-250, 1984.

Richters JE, Waters E：Attachment and socialization：the positive side of social influence. In Social Influences and Behavior (Lewis M, Feinman S eds), New York：Plenum Publishing, 1992.

Rutter M：Maternal Deprivation Reassessed, 2nd ed. Harmondsworth, UK：Penguin Books, 1982.

Schindler A, Thomasius R, Sack PM, Gemeinhardt B, Küstner U, Eckert J：Attachment and substance use disorders：a review of the literature and a study in drug dependent adolescents. *Attach Hum Dev* **7**(3), 207-228, 2005.

Shi Z, Bureau JF, Easterbrooks MA, Zhao X, Lyons-Ruth K：Childhood maltreatment and prospectively observed quality of early care as predictors of antisocial personality disorder features. *Infant Ment Health J* **33**(1), 55-96, 2012.

新村　出編：広辞苑，第5版．岩波書店，1998.

Simmel C, Brooks D, Barth RP, Hinshaw SP：Externalizing symptomatology among adoptive youth：prevalence and preadoption risk factors. *J Abnorm Child Psychol* **29**(1), 57-69, 2001.

Speltz ML, DeKlyen M, Greenberg MT, Dryden M：Clinic referral for oppositional defiant disorder：Relative significance of attachment and behavioral variables. *J Abnorm Child Psychol* **23**, 487-507, 1995.

Sroufe LA：The role of infant-caregiver attachment in development. In Clinical Implications of Attachment (Belsky J, Nezworski T eds), pp. 18-38, Hillsdale, NJ：Lawrence Erlbaum Associates, 1988.

Stams GJ, Juffer F, van IJzendoorn MH：Maternal sensitivity, infant attachment, and temperament in early childhood predict adjustment in middle childhood : the case of adopted children and their biologically unrelated parents. *Dev Psychol* **38**(5), 806-821, 2002.

Stayton DJ, Hogan R, Ainsworth MDS : Infant obedience and maternal behavior : the origins of socialization reconsidered. *Child Dev* **42**, 1057-1069, 1971.

Stirpe T, Abracen J, Stermac L, Wilson R : Sexual offenders' state-of-mind regarding childhood attachment : a controlled investigation. *Sex Abuse* **18**(3), 289-302, 2006.

Taubner S, White LO, Zimmermann J, Fonagy P, Nolte T : Attachment-related mentalization moderates the relationship between psychopathic traits and proactive aggression in adolescence. *J Abnorm Child Psychol* **41**(6), 929-938, 2013.

van IJzendoorn MH : Attachment, emergent morality, and aggression : toward a developmental socioemotional model of antisocial behaviour. *Int J Behav Dev* **21**(4), 703-727, 1997.

Waters E, Hay D, Richters J : Infant-parent attachment and the origins of prosocial behavior. In Development of Antisocial and Prosocial Behavior : Research, Theories, and Issues (Olweus D, Block J, Radke-Yarrow M eds), pp. 97-125, Orlando, FL : Academic Press, 1986.

Weiler BL, Widom CS : Psychopathy and violent behavior in abused and neglected young adults. *Crim Behav Ment Health* **6**, 253-271, 1996.

Wood E, Riggs S : Predictors of child molestation : adult attachment, cognitive distortions, and empathy. *J Interpers Violence* **23**(2), 259-275, 2008.

Worling JR, Langton CM : A prospective investigation of factors that predict desistance from recidivism for adolescents who have sexually offended. *Sex Abuse* **27**(1), 127-142, 2015.

山根清道編：犯罪心理学．新曜社，1974.

2 情動制御の破綻と犯罪

2.1 情動システムとは

a. 情動とは

1) 感　情

われわれ人間は生まれたときから，つねに何かしらを感じながら生きている．ご飯を食べるときは「おいしい」と感じ，ほしかったものが手に入ったときは「うれしい」と感じる．恋人と別れたり，先生や上司に怒られたりすると悲しい気持ちになる．ほかにも，友人や職場の同僚から悪口をいわれて怒りを感じる，ひとりになったときに寂しいと感じるなど，あげていけばきりがないほど，つねにさまざまなものを感じながら生きている．

そのようにわれわれがつねに感じている状態は，「感情」や「気持ち」などとよばれる．これらの感情や気持ちは，生きていく上で必要なものである．たとえば怒りの感情は，「自分が不当に扱われている」，「大切なものが侵害されている」など，現状において何かしらの対処が必要であることを教えてくれる．喜びは，時に生きがいを感じたり生きていくための活力を与えてくれる．

感情や気持ちと類似した用語として「情動（emotion）」がある．情動とは，唯一の定義があるわけでなく，分野ごとに若干の違いはあるが，「感情（feeling）の一部」である点においては共通している．しかし，感情という用語もまた厳密に定義することは難しく，心理学において完全に統一された標準的な定義は存在しない．Ortony et al.（1988）は，感情とは，「人が心的過程のなかで行うさまざまな情報処理のうち，人，物，できごと，環境についての評価的な反応である」と定義している．つまり感情とは，あらゆる対象による刺激に対して，それらがよいものか悪いものかなどといった評価をともなって生じる，反応や気持ち，状態である．怒りの感情に任せて相手に強くあたったあと，「感情的になってしまった」,「感情は邪魔で面倒だ」と後悔するときもあるかもしれない．しかし，感情というものがなければ，自身が危機的状況にあることに気づきづらくなり，社会において適切に生きていくことが難しくなることすらありえる．

2）　情　動

上述したように,「感情」に関連した用語のひとつとして用いられているのが,「情動」である．情動とは,「原因が明らかであり，その状態の始まりと終わりがはっきりしており，しばしば生理的覚醒（psysiological arousal）をともなうような強い感情」とされる．生理的覚醒とは，交感神経系や内分泌系の活動にともなう，身体の興奮状態である．たとえば，胸がドキドキしたり，呼吸が速くなったり，手に汗をかくなどの状態である．これらは，緊張してドキドキしてしまうのを「やめよう」と思ってやめられるものではないように，ある程度は可能とはいえ，意図的にコントロールすることは難しい．原因や始まりと終わりがはっきりしている情動に対して，原因が必ずしも明らかではなく，比較的長時間持続するが，それほど強くはない感情状態は「気分（mood)」とよばれる．

また，情動は,「快情動」と「不快情動」に大別される．快情動は，脳が快いと感じる状態である．たとえば,ポテトチップスのようなお菓子を食べていると,ついつい止まらなくなって食べすぎてしまうことがある．これは，人間にとって必要不可欠な糖分や塩分，脂質などを脳が求めており，それらを摂取することによって「快」が得られるためである．アルコールや薬物などの依存のメカニズムも，脳の報酬系が関連している．一方で，不快感情は脳が不快と感じる状態である．目の前に虫が現れて恐怖を感じて逃げようとしたり，親や教師に叱られて子どもが怒りだしたりするのは，脳が現在の状態を「不快」と判断し，それを遠ざけようとするために逃避的な行動や攻撃的な行動をとるためである．

情動は，喜び，怒り，悲しみ，驚き，嫌悪など，いわゆる喜怒哀楽をともない，表情や身振り，声の変化，自律神経系の反応（呼吸や脈拍の変化など）などの身体的な変化もともなう．なんらかの対象に接したり，刺激を受けたりしたとき，こうした反応がまったく起こらないことは，通常であればほぼありえない．

発達の研究によれば，0 歳の半ば頃には,「喜び」,「怒り」,「悲しみ」,「驚き」,「嫌悪」,「恐れ」,「興味」といった情動が出揃うことが報告されている（Izard, 1991：Lewis, 2000)．これらは，生まれながらにしてすでにだれもがもっている情動であるために,「基本情動」や「一次的情動」とよばれる．一次的情動に対して，1歳を過ぎてから現れてくる，「誇り」，「困惑」，「恥」といった情動は「二次的情動」とよばれる（Lewis, 2000）．これらは，他者の存在を認識することが必要であり，自己意識や他者の視線など，より発達的なものが関係してくる．生存のために必要というよりは，社会のなかで適応していくために必要な情動である．

b. 情動システム

1) 情動の末梢起源説（ジェームズ＝ランゲ説）

哲学の世界において,「情動」に関する概念を最初に説いたのはデカルト（Rene Descartes）とされている．デカルトは,「精神ないし心」には物質的実体がなく，脳の松果体が「魂のありか」であり，精神が松果体を介して脳をコントロールすると考えた．

1884年に，アメリカの心理学者であるジェームズ（W. James）は，ある刺激が脳の大脳皮質において知覚されると身体に変化が生じ，そのような身体の変化が脳に伝えられ，それが知覚されたものが主観的な情動体験であると主張した．つまり，刺激や状況によってなんらかの身体的な反応が生じ，その反応を脳が知覚することによって情動が体験される．この主張は，末梢の反応が情動体験の起源となっているという意味で,「情動の末梢起源説」とよばれる．つまり，生理学的反応が情動経験よりも先に起こるということである．ジェームズはこれに関して,「悲しいから泣くのではない，泣くから悲しいのである」という有名な言葉を残している．これは，悲しみの情動を感じたために涙が流れるのではなく，泣いているとき，涙が出ているという身体の変化の体験によって，悲しみの情動が知覚される．

ジェームズが「情動の末梢起源説」を唱えたのとほぼ同時期の1885年に，デンマークの生理学者であるランゲ（C. G. Lange）も同じような説を唱えている．ランゲも，身体的変化，とくに自律神経系に生じる反応を知覚することで情動が生じると主張したのである．

このほぼ同時期の2人の説をまとめ，刺激や状況によって身体に変化が生じ，それを脳が知覚することによって情動が起こるという考えは「ジェームズ＝ランゲ説」とよばれている．

2) 情動の中枢起源説（キャノン＝バード説）

上述した情動の末梢起源説は，長く支持されてきた．しかし，たとえば同じ「泣く」であっても，悲しいだけではなく「嬉し泣き」があるなど，同じ身体反応でも，異なった情動の生じることがある．そのような考えから，1927年，アメリカの生理学者であるキャノン（W. B. Cannon）は，「情動の末梢起源説」を批判し，独自の情動理論を提唱した．キャノンは，大脳皮質下領域（とくに視床）が「情動の座」であり，視床から情動の衝動が起こり，それを大脳皮質が抑制するという脳の二重構造を重視し，身体反応に関して自律神経（autonomic nerve）の機能を重視した．「情動の座」は，後に視床から視床下部へと修正されている．これは，特定の刺激や状況においてまず視床下部が活性化し，その情報が自律神経系等に送られることによって一連の生理的・身体的反応が生じる．それと同時に，大脳皮質にも送られることで情動体験が生じると主張する．

この説は，脳の働きを重要視するものであり，「情動の中枢起源説」とよばれるようになった．この説は，キャノンと共同研究を行った弟子のバード（P. Bard）の名前とともに，「キャノン＝バード説」ともよばれている．

3) 情動の2要因説

近年では，脳の働きから，二つの説がどちらも成立することが証明されている．ジェームズ＝ランゲ説では，脳内には情動刺激におおまかではあるがすばやく反応する回路があることが発見された．キャノン＝バード説では，時間をかけて情動刺激を分析する回路が発見された（LeDoux, 2012）．

1927年に哲学者のラッセル（B. Russell）は，情動が生じるためには，生理的な変化と，その原因に対する認知の二つの要因が必要であると考えた．

この考えをもとに，社会心理学者のシャクター（S. Schachter）とシンガー（J. E. Singer）は，1962年に情動の2要因理論を提唱した（Schachter and Singer, 1962）．この理論では，まず刺激によって身体的あるいは生理学的変化が生じる．それに対して人は「なぜ自分にそうした変化が生じたのか」を考えるのである．たとえば，胸がドキドキした際に，「なぜ自分はドキドキしているのだろう」と考える．これを自己帰属とよぶ．緊張しているのか，好きな相手と一緒にいるからなのかなど，身体的あるいは生理的変化を認知的に解釈することで情動が成立すると説明する．

ダットン（D. G. Dutton）とアロン（A. P. Aron）が1974年に行った有名な実

験として，「吊り橋実験」がある（Dutton and Aron, 1974）．これは，独身男性（18〜35歳）に高所で揺れる吊り橋と揺れない吊り橋のいずれかを渡ってもらい，その途中で若い女性がアンケートを行い，「アンケート結果に興味があれば後日連絡をください」と連絡先を伝え，どれだけ連絡があるかを調査したものである．結果は，揺れない吊り橋を渡った男性からの連絡は16人中2人であったのに対して，揺れる吊り橋を渡った男性の18人中9人から連絡があった．これは，揺れる吊り橋を渡る際に心拍数が上がったなどの生理学的変化を，アンケートを行った女性に対する反応であると錯覚しているとされている．つまり，実際は恐怖により感じていたドキドキを，女性への恋愛感情によるものと評価したのである．

しかし，情動は，身体的あるいは生理学的変化に対する認知的評価だけから引き起こされているとは限らない．逆に，特定の状況について認知的評価がなされ，それによって情動体験と生理学的変化が引き起こされることもありえる．Lazarus（1991）は，そのような情動における認知的評価を重視する認知的評価理論を提唱した．この理論では，特定の認知的評価によって特定の情動が生起すると考える．さらにその認知的評価は，評価者のこれまでの経験が大きく関係しているため，人それぞれに異なる．これを「認知的スタイル」とよぶ．同じ刺激や状況であっても，人によっては異なるとらえ方や情動の体験が生じるのは，認知的スタイルの違いによるものである．

c. 情動と社会

情動を感じることは，個人だけではなく社会的にも大切な意味をもつ．たとえば他の人が困っているとき，つまり不快な情動の状態にあるときに，自分も相手の不快な情動を同じように感じたり理解しようとしたりして，それによって相手を援助することを，向社会的行動とよぶ．さらに，相手の情動を理解したり心配したりして，自分自身にも相手と同じ情動的反応が起こることが共感（empathy）である．共感は，個々を尊重し合い，助け合う社会の情動的基盤となるものである．

情動がなければ，社会で暮らしていくことが困難になりえる．たとえば，目の前に突如刃物を持った人が現れたときに「不快」だと感じなければ，逃げる，すなわち危険を回避することができない．あるいは「快」と感じなければ，喜びや幸福などは得られなくなってしまう．ただし，同じ「恐怖」や「幸福」であっても，すべての人間がまったく同じように感じているわけではない．

統合失調症の陰性症状の一つとして「感情鈍麻」がある．陰性症状とは，感情の平板化や思考の低下などであり，幻覚や妄想といった陽性症状が起こった後に現れる症状である．感情鈍麻は，感情そのものの表現が乏しくなることである．他者に共感することも少なくなり，外界への関心を失っているように見える．この感情鈍麻は，統合失調症の陰性症状だけではなく，心的外傷後ストレス障害（post-traumatic stress disorder：PTSD）の症状の一つでもある．PTSD は，事故や大災害に遭遇したり，人が死ぬ場面を目撃するなどの心的外傷（トラウマ）的できごとを体験したり，目撃したあとに問題が起こる．過覚醒，フラッシュバック（flashback：まざまざと思い出されてくる過去のできごと），悪夢，驚愕反応，記憶と集中力の変調など，心身の問題症状を呈する．ほかにも，「失感情症（アレキシサイミア，alexithimia：失感情言語化症，失感情症）」という障害もある．これは，自分の感情や身体の感覚に気づきづらく，感情を表現することが困難であり，自身の内面に目をむけることが苦手な障害である．そのときにどう感じたのかを説明するのが難しい．ほかにも大うつ病性障害や離人症などの障害においても，情動の表現が苦手であったり，情動そのものを感じることが困難になる場合もある．反社会性パーソナリティ障害も情動の理解に困難があり，周囲とのトラブルや社会的に大きな問題に発展することもある．

反社会性パーソナリティ障害とは，パーソナリティ障害のひとつであり，社会規範やルールを守らない，他者を騙したり平然と嘘をつく，衝動性や攻撃性が高い，無責任，他者を傷つけることに抵抗がない，などの特徴をもつ．いわゆる「サイコパス（psychopath：精神障害者）」は，厳密な定義は反社会性パーソナリティ障害とは異なるが，世界的な診断基準として用いられているアメリカ精神医学会による DSM-5（Diagnostic and Statistical Manual of Mental Disorders, Fifth Edition）においてはサイコパスという診断名は存在せず，現在は反社会性パーソナリティ障害がおもに用いられている．反社会性パーソナリティ障害をもつ者は，自己中心的で他者の情動に鈍感であるため，社会的にトラブルを起こしやすい．

2.2　情動を生み出す仕組み（視床下部，大脳基底核，扁桃体など）

前述したように，情動とは，喜び，激怒，幸福，驚愕，嫌悪など，すなわち喜怒哀楽をともない，必ず表情や身振り，声の変化，さらにいえば自律神経系の反応（たとえば，呼吸，脈拍などの変化）などの身体的な変化も起こる．すなわち，たいていの人は，“情動”を感じるものである．では，この情動は，どこから生じるのか．答えは，脳である．ヒトを含める動物は，脳から日々の暮らしのなかで，その時々の喜怒哀楽といった心理的変化と身体的変化を引き起こす．これらの表出は，脳の部位や構造を含め，近年，世界中の研究者が少しずつ解明してきている．では，情動を引き起こす脳の部位はどこなのか，どういう構造になっているのだろうか．

a. 大脳辺縁系

大脳辺縁系には，「海馬体」，「扁桃体」，「帯状回」などが属し，視床下部を包む形の位置にある．脳の奥底にある原始的な部位であり，ヒトの情動を扱っている部分である．つまり，動物が生きていくために必要な機能をもった部分である．情動や記憶が生まれる中枢で，怒りや恐怖，悲しみなどの情動と密接に関係しており，こうした情動的な反応を制御し，また食欲や性欲，行動するときの動機などにも関与している（北芝，2011；小野，2012，2014）．つまり，大脳辺縁系は，本能的な情動をつかさどる原始的な部分であり，理屈や論理立てる以前に，瞬時に行動決定をくだす領域である．そして，この大脳辺縁系は，情動を喚起させる上で，必要不可欠な「視床下部」や「海馬体」，「扁桃体」などを含んでおり，非常に重要な部分であることがいえる．

b. 大脳基底核

大脳基底核（尾状核，被殻，淡蒼球等）は錐体外路系の一部であり，大脳新皮質運動野，小脳，視床運動系などと協調して随意運動を時間的，空間的に円滑に行ったり，無意識下で行う姿勢，歩行，痛み，恐怖，驚きに対する防御運動，歩行時における上肢の振り子運動，表情や身振り，あくび，くしゃみ，咀嚼運動の円滑な遂行等に関与している（小野，2012，2014）．

c. 視床下部

視床下部は名前のように視床の下，下垂体のすぐ上にある小さな領域である．視床下部は，系統発生学的には脳の古い部分であり，その構造は動物の進化の過程を通して比較的一定であり，ヒトでも視床下部の重量はわずか 4 g（脳の総重量 1300 g）である．視床下部は，①情動・認知・記憶に関与する大脳辺縁系および大脳新皮質，②情動の表出に関係する脳幹の自律神経中枢，下垂体ホルモン分泌系，および中脳（行動・運動出力系）との間に相互の線維投射を有する（小野，1994a）．

視床下部は，これらの解剖学的線維結合に基づき，動機的および情動的側面から行動を強力に制御している．たとえば，視床下部が関与する動機づけ行動には，摂食行動，飲水行動，性行動，体温調節行動などがある．一方，ヒトも動物も，快感や喜びを感じるものには近づこうとする接近行動を起こし，不快感や怒り，恐れや悲しみを与えるものには攻撃または逃避行動を起こして遠ざかる．接近，攻撃および逃避行動は情動行動である．これら行動の根底にある「動機づけ」と「情動」は互いに関連している．たとえば，空腹や口渇が満たされたときには快感や喜び（快情動）が，満たされないときには不快感や悲しみ（不快情動）がわき上がってくる．逆に，電気ショックを回避する回避行動（一種の動機づけ行動である）では，恐れや不安などの不快情動が行動の動因となっている．視床下部の刺激や破壊により，これらの行動が大きな影響を受けることから，視床下部は動物の動機づけと情動による行動表出の重要な統合中枢であると考えられる（小野，1994b）．

d. 扁桃体

扁桃体は，側頭葉前内側部の皮質下に存在する核であり，大脳辺縁系の重要な構造体の一つである．扁桃体の最も重要な機能を一口でいえば，情動の発現と，その行動表現としての情動行動の遂行に関与することである（小野，1994a）．

ヒトも動物も快感や喜びを感じるものには近づこうとする接近行動を，不快感や怒り，恐れや悲しみを与えるものには攻撃または逃避行動をする．これら接近行動および攻撃や逃避行動は，情動（喜怒哀楽）に導かれて行う行動である．すなわち，ヒトや動物は，情動系によって外界の事物や事象が自分にとってどのような意味をもつのか，報酬か罰か，有益か危険かなどをすばやく判断し，それに基づいてどのような行動を起こすべきかを決定しているといえる（小野，1994a）．一方，扁桃体を含む両側側頭葉の破壊により，①精神盲：食物と非食物の区別など周囲にある物体の生物学的価値評価と意味認知ができなくなる，②口唇傾向：周囲にあるものを手あたりしだいに口にもっていき，舐めたり，噛んだりする，③性行動の亢進：手術後しばらくして出現する症状で，雌，雄ともに性行動の異常な亢進が起こり，同性，異種の動物に対しても交尾行動を行う，④情動反応の低下：手術前には強い恐れ反応を示したヘビなどを見せても，まったく恐れ反応を示さなくなり，敵に対しても何の反応もなく近づいていき，攻撃され傷つけられる等のクリューバー–ビュシー（Klüver–Bucy）症候群が起こる（Klüver and Bucy, 1939）．これらのことから，視覚情報は右脳側頭皮質を介して扁桃体に入り，ここでその生物学的価値評価と意味認知が行われ，快・不快情動が発現すると考えられる．

小野らはサルやラット扁桃体からニューロン活動を記録し，種々の食物や非食物，報酬または嫌悪刺激（罰）と関連する種々の感覚刺激呈示とそれに基づく学習（情動）行動への応答様式を調べる研究を行っている（小野，1994a）．これら一連の研究によると，扁桃体には，物体の報酬性または嫌悪性の度合（生物学的価値）をインパルス放電頻度の大小にコードする感覚刺激の生物学的価値評価ニューロンや特定物体（報酬性物体であるスイカや嫌悪物体であるクモなど）の意味認知に関与するニューロンが存在することが明らかにされている．これらのニューロンの障害により，クリューバー–ビュシー症候群が起こると考えられる．

e.　海馬体

現在，大脳新皮質の側頭葉内側部にある海馬体が認知と記憶機能を含むヒトのさまざまな高次脳機能に深く関与していることを疑う人はいない（小野，1994a）．Scoville and Milner（1957）は，海馬体を含む両側側頭葉内側部を切除された健忘症患者 H. M. の症例を報告した．患者 H. M. は，人格，知覚，数字暗唱能力（短期記憶）および知能指数は正常であったが，術後に起こった新しいできごとを覚えることができなかった（前行健忘：長期記憶の形成障害）．Zora-Morgan et al.（1989a，1989b）は，実験的にサルの海馬体を単独破壊して，患者 H. M. に相当する記憶障害を起こすことができることを報告し，海馬体が記憶に中心的な役割を果たしていることを明らかにしている．

これまでの研究により，海馬体は，空間，場所，物体，文脈などの情報に基づき，情動を発現する“時間”，“場所”，あるいは“状況”などの認知・記憶に重要な役割を果たしていると考えられる（小野，2012，2014）．これら海馬体で処理された情報は，海馬体—扁桃体間の直接経路により扁桃体に送られ，扁桃体における生物学的価値評価と意味認知に関与すると考えられる．一方，扁桃体には，あらゆる感覚刺激や環境状況（海馬体より受ける）などに関する情報が収束しており，扁桃体は最終的な生物学的価値評価と意味認知に関与する．いいかえると，視床あるいは大脳皮質由来の扁桃体への感覚経路は条件刺激に対する情動反応（特定の対象に対する“恐れ”）に，海馬体由来の扁桃体への経路はある種の状況に対する情動反応（明確な対象がなく，何かよくないことが起こりそうだという“不安”）に関与すると考えられる（小野，2012，2014）．

f. 線条体

動物が周囲の環境により積極的に働きかけていくためには，種々の内的欲求や喜び，悲しみ，怒りの情動とそれにともなう動機づけの運動系への反映が重要となる．同じ接近行動を行う場合でも好きな異性や美味しい食物を獲得しようとするときの行動とそうでないときの行動はおのずから異なる．大脳辺縁系（扁桃体）から運動系（大脳基底核）へ送られる情報は行動をより躍動的に支えている．すなわち，大脳辺縁系—大脳基底核間の相互の線維連絡により，情動情報が運動情報に取り入れられると考えられる（小野，2012，2014）．とくにサル尾状核ニューロンを記録した研究によると，サルの尾状核には，ミカンなど好きな（すなわち報酬価の高い）物体ほど強い応答を示すニューロンが存在し，線条体が感覚入力と動機的側面の統合，およびその運動出力への変換に関与していることが示唆されている（小野，2012，2014）．

高橋（2009）は，妬みにより他人の不幸を喜ぶ感情（“他人の不幸は蜜の味”とよばれる非道徳的な感情）に関する脳内のメカニズムを報告している．この研究結果から，妬みの感情は，前部帯状回とよばれる葛藤や身体的な痛みを処理する脳内部位が関連していることが判明した．一方，妬みを抱いている対象の人物に不幸が起こると，線条体とよばれる報酬に関連する部位が活動した．すなわち，自分が妬んだ相手が不幸になったとき，あるいはそれを見たときの喜びや快感などの報酬に関連して線条体が活動する．

線条体の腹側に位置する側坐核は，動機づけなどの本能的な働きをつかさどる一部であり，ヒトでも“快”や“不快”の判断に関与している．最新の研究で，この側坐核の活動が高まるほど，嘘をつく割合が高くなることが判明している

(Abe and Greene, 2014).

g. 島

島皮質は，大きく前部と後部に大別することができる．後部島皮質には，体内からもたらされる内受容感覚が再現されており，前部島皮質では，その脳内情報が感情に変換されると推測されているので，感情認知に深く関与するのは，とりわけ前部島皮質である（大東，2010）．もう少し噛み砕いて説明すると，島皮質には，内受容感覚を感情として主観的に体験するという重要な機能もある．内受容感覚というのは，たとえば，身体がだるい，緊張しているといった身体全体の感覚のことを指す．この内受容感覚は，気分が優れなくて憂うつである，不安が掻き立てられるといった感情をともなって体験される．この身体の情報が脳へ送られ，島皮質の後部へまず伝達される．そこで，統合された情報が島皮質の前部へと伝達される．すなわち，全身体の感覚は，島皮質の後部へ先に送られ，そこで統合されながら，前部へと伝達される過程をたどる．

近年，島皮質は，ヒトの顔の信頼の評価に重要な役割を果たしていることが示唆されている．Taylor（2012）は，若い成人と高齢者に対し，複数の顔写真を見せ，実験参加者に対しその顔写真がどれだけ信頼できるヒトなのかを評定してもらった．もう一つは，顔写真を見ている参加者の脳内の働きを機能的磁気共鳴画像（functional magnetic resonance imaging：fMRI）を使って脳スキャンを行った．結果，若年成人の参加者は，信頼できない顔を見せられたときに強い反応を示したが，高齢者はあまり活動しなかったことを報告している．これらのことから，島皮質の活動は，年齢を重ねるごとに低下しているが，信頼できる顔かを見分けるのに，島皮質は重要な役割を果たすことが示唆される．

また，近年日本で裁判員裁判が始まったが，裁判員の脳基盤の研究がある．これは，情状酌量に着目し，同情と量刑判断に関連する脳機能を探索したものである．その結果，同情により刑を軽くしやすいヒトほど，島皮質の活動が高いことが判明した（山田，2013）．

h. 神経伝達物質

脳内には神経伝達物質とよばれる化学物質がある．一言でいうならば，脳の神経細胞がつくりだす化学物質である．たとえば，「ランナーズハイ」は，神経伝達物質中に約20種類ある脳内麻薬のうち，エンドルフィンという物質が走っていくうちに分泌される．エンドルフィンは，人がストレスや苦痛を感じているときに，そのストレスや苦痛を和らげようと快感をもたらすような働きがある．つまり，マラソンをしているとき，苦痛になってくるので，エンドルフィンが分泌し，ハイな気分になっていくという仕組みになっている．

この神経伝達物質は50種類以上あるといわれ，なかでも比較的解明されているのは20種類程度である．この神経伝達物質は，健全な脳の機能を保つために非常に重要な役目をもっており，バランスがくずれると，うつ病やアルツハイマー等さまざまな病気を引き起こすことが知られている．

たとえば，ドーパミンはアミノ酸の一種で，集中力ややる気などの精神機能を高め，大脳新皮質の側頭葉を刺激して快感を生み出し，精神活動を活発化する役割がある．また，ストレス解消や楽しさ，心地よさといった快に関する情動を喚起する役割もあり，ヒトが物事を行うときの動機づけや恋をしているときにも放出されるといわれている．ドーパミンが不足すると，パーキンソン病になりやすく，過剰になると統合失調症になりやすくなる．また，薬物とも密に関連する．ドーパミンは，扁桃体，視床下部と関係しており，扁桃体が興奮すると，視床下部に情報が送られて，情動が喚起されると同時に，視床下部に投射しているドーパミン神経系からドーパミンが放出されて，そのときの快感や好きだという感情が海馬体や扁桃体のシナプス神経回路に記憶される（有田，2014）．

以上の点から，情動は脳のさまざまな部位や神経伝達物質から引き起こされ，部位によって機能や役割が異なり，それぞれが連携し合って，情動が起こると要約できる．

2.3　情動を制御する仕組み

これまでは，脳において情動が発現されることを説明してきた．しかし，ヒトは，情動を発現するばかりでは，社会のなかで適切に生きていけない．たとえば，好きな人を目の前にしたとき，触りたいという欲求をコントロールできなければ，いきなり好きな人の身体を触ってしまい，大きな問題が生じやすくなる．あるいは，だれかに対して怒りが生じて殴った，などの言い分では社会では通用しない．つまり，情動をコントロールする必要がある．一般的にはこれは「理性」，「コントロール」といわれる．腹を立てている上司に対し，何もしないのは理性でコントロールしているからであり，夜中にラーメンやチョコレートを食べたいのを我慢するのも，理性でコントロールしているからである．そのおかげで，われわれは自分自身の情動をコントロールしながら，人間関係や環境となるべく摩擦を起こさないように暮らしているのかもしれない．この理性やコントロールを「情動制御」とよぶ．

情動制御とは，「目標達成のために，情動反応を管理，調整できる能力」である（Matsumoto, 2006）．つまり，幸せや快感などのポジティブな情動だけでなく，ヒトには怒りや嫌悪，不快などのネガティブな情動も存在する．この情動を自分自身で統合し，調節することが社会のなかで求められている．むろん，情動を制御するのは脳の重要な機能の一つであるが，家庭環境や心理的側面，教育などさまざまな要因により影響を受ける．たとえば，親の養育態度の問題として，虐待等の不適切な養育環境のほかに，過剰に「良い子」を求められている環境においても情動制御の問題が見られると指摘されている（大河原，2011）．

ヒトは，本能的な欲求に対して，理性的に対応することができる．この，湧き出てきた情動をコントロール，すなわち制御しているのもまた脳である．

a. 前頭連合野内側前頭前皮質

大脳新皮質の前頭連合野は，外側部，内側部，眼窩部の三つに分けられる．このなかでも，内側部と眼窩部は，食欲や感情認知，感情表現などの情動・動機づけ機能をおもに担っている．しかし，内側部，眼窩部も意思決定などの認知や実行機能にかかわる一方，外側部も報酬情報処理などの情動・動機づけ機能にかかわっている（渡邊，2005）．このように，同じ前頭連合野のなかでも機能が分かれており，内側部と眼窩部が情動や動機づけ機能により強く関係している．この内側部は，扁桃体や帯状回から入力を受け，また前頭連合野外側部とも緊密な機能的関係をもつことから，人の「こころ」のもっとも重要な部分である情動の表出や制御にかかわる重要な脳部位である（船橋，2011）．この部位の損傷により，ヒトでは感情鈍麻，極端な感情の変化，自己感情の制御の欠如，共感や同情の欠如，社会性や倫理観の欠如などが起こる（船橋，2011）．これらのことから，前頭連合野腹内側部は，情動の発現と制御に関与していることが示唆される．

b. 前部帯状皮質

前部帯状皮質は,「痛み」による不快情動に関連する領域である. たとえば, 他者が痛みを感じているところを見たり, 想像したりするだけでも, 前部帯状皮質の活動は高まる. つまり, 他者の痛みに対して, 主観的に反応することが判明している. 前部帯状皮質のなかでも, 前方は情動に関与し, 後方は認知に関与していることが知られている. 情動領域は, 自律神経系と情動反応の制御に関与し, 認知領域は, 筋骨格系の運動に関する反応の選択に関与する (Devinsky et al., 1995).

Bush et al. (2000) は, 実行 (前側), 評価 (後側), 認知 (背側), 情動 (腹側) の四つの部位に分かれていることを示唆している. つまり, 前部帯状皮質は, 情動に関する領域ではあるが, そのなかでも腹側がその機能をつかさどっている. 甘利 (2008) は, 前部帯状皮質を含む内側前頭前皮質は, おもに意欲や他者の心を推定する能力 (心の理論とよばれる能力) に関与していると述べている. すなわち, 前部帯状皮質は, 他者との関係を築く上で, 重要な脳領域であるといえる.

また, ヒトがエラー反応をしたときには, 前部帯状皮質が活性化し (Keihl et al., 2000), さらに答えが正しかったと判明したときも活性化する (Carter et al., 1998). これらのことから, ヒトは何かエラーを起こしたときや, 判断をくだした後にフィードバックがあるときに, 前部帯状皮質が活性化すると考えられる.

c. 眼窩前頭前皮質

アメリカの鉄道工事の監督フィネアス・ゲージ (Phineas P. Gage) は, 爆破事故によって棒が眼窩前頭前皮質の一部である前頭前皮質腹内側部を損傷した. 眼窩前頭前皮質は, 眼球が入っている窪みの上の方にある前頭前野の一部である. 彼は, 事故後, 人格が大きく変わったことから, 眼窩前頭前皮質が感情や適切な社会的行動に関与するのではないかと考えられた (Harlow, 1848, 1868).

Damasio et al. (1991) の「ソマティック・マーカー仮説 (somatic marker hypothesis)」は, 感情がわれわれの意思決定を導くという考えである. つまり, ヒトがある選択肢を選ぶ際, 自動的に身体的な情報に基づく感情が喚起され, それがシグナルとなって意思決定を助けるのである. Damasio は, ギャンブル課題 (gambling task) を考案し, 被験者には 4 枚のカードから一つ選んでもらうが, カードには, カードの表に書いてある数字, 同様なチップがもらえる「報酬カード」と，同様の額の支払いを要求する「罰カード」がある．表に書いてある金額が高くなれば，同様に裏に書いてある報酬や罰も高くなってくるのである．その結果，眼窩前頭前皮質の，とくに前頭前皮質腹内側部に損傷があった人は，損傷がない人と比べ，カードを選択する際に起こる予期的な皮膚電気反応が生じなかった．つまり，前頭前皮質腹内側部が損傷している人は，危ないカードを選ぶときの心の葛藤がないため，額は少ないが，長期的に利益になるカードをめくらず，報酬額は高いが，罰になる危険性の高いカードをめくり続けるのである．

d.　前頭前皮質腹内側部

前頭前皮質腹内側部が正常な人は，不公平・不公正に対する態度が，適度でありバランスがとれている．ある程度の不公平や理不尽には目をつぶり，自分の個人的利益も適度に大切にするが，不公正や理不尽な度合がすぎると，自分の利益を犠牲にしても，そういったものに対して意義を申し立てる（村井，2009）．逆に，前頭前皮質腹内側部に障害がある場合は，このバランスがとれておらず，自分の利益を大きくする行動をとりやすい．村井（2009）はさらに次のことも指摘している．交通事故などで脳に傷を負った場合，自分の感情をコントロールできず，ちょっとしたことでも怒りを爆発してしまうケースがある．そうした症状がある人の脳を調べると，前頭前皮質腹内側部に傷があることが非常に多いと報告している．

つまり，腹内側前頭前皮質は，情動をコントロールするために非常に重要な脳の部位である．社会のなかでは，不公平や理不尽なできごとと自分の利益とを天秤にかける状況がしばしばある．そして，不公平や理不尽なできごとに直面した際，怒りや傷つくといった情動が生まれ，やり場のない心情になることもある．そうした場合でも，自分を落ち着かせようとしたり，時間とともに解決しようとしたりして，われわれは，回避行動や受け入れる行動をとる．その際，脳のなかでも前頭前皮質腹内側部は，非常に重要な機能を果たしている．

e.　神経伝達物質

「快感」と関連するドーパミン，ストレスによって覚醒反応を引き起こすノルアドレナリン，交感神経の作用が高まると分泌されて心拍数の増加などを引き起こすアドレナリンは，いずれもモノアミンに属する神経伝達物質である．ドーパミンやノルアドレナリンなどが過剰に分泌されると，エネルギーの消費が激しくなり，ヒトを疲れさせ障害を起こす．ノルアドレナリン分泌が活発になると，衝動性が高まり，不平不満，充足されていないある種のネガティブな精神状態が外に向かって発動する．つまり，ノルアドレナリンの分泌量は暴力的な行動に密接に関係している．セロトニンは，それを抑制する役割があり，セロトニンの保持量が少ないと抑制することができず怒りが収まらなくなる傾向が高まる（北芝，2011）．セロトニンは，加齢や基本的な生活リズムが乱れると（例：運動や食事等）低下する．また，セロトニンが極端に低下してしまうと，「うつ病」になりやすくなる．そのため，うつ病を治療するにはセロトニンを増やし，選択的セロトニン再取り込み阻害薬（selective serotonin reuptake inhibitors：SSRI）を用いることが多い．要約すると，セロトニンは，ドーパミンやノルアドレナリン等の神経伝達物質のバランスを調整する．このバランスがとれていれば，安定した情動や心身とともに健康でいることができる．

ガンマアミノ酪酸（γ-aminobutyric acid：GABA）という神経細胞を抑制する神経伝達物質も存在する．これは，大脳のほぼ全域，小脳に存在し，グルタミン酸とは逆に神経細胞を抑制する働きがあり，不安を鎮め睡眠を促すものである（福永，2006）．Abdou et al.（2006）は，リラックス状態を促すGABAを経口投与することにより，投与から1時間以内ではストレス，心配，不安が軽減し，脳がより集中できる状態が誘導されること，さらに，ストレス状況下であってもGABA投与のリラックスおよび抗不安効果によってヒトの免疫が強化されうることを報告している．つまり，ヒトがストレスにさらされている状況でも，GABAはそれを抑制する効果があり，ストレスがない状態でも認知機能に重要な役割を果たしていることが示唆されている．

セロトニンとGABAは，神経伝達物質のなかでも情動や，情動から生じる身体的・生理的反応を抑制すると考えられている．さらに，興奮を促すドーパミンやノルアドレナリン，アドレナリンとのバランスが保たれていることが重要である．

2.4　情動発現システムの異常と犯罪

脳のさまざまな部位はそれぞれの機能を果たしているが，それらが適切に機能しなくなった場合，あるいは先天的に機能しない場合，どうなるのだろうか．2.1

節で，感情鈍麻やパーソナリティ障害など，情動が適切に機能しなかった場合の例を簡潔に言及したが，ここでは後天的に脳の損傷を受けた有名な事例として，1848 年にアメリカ北東部ニューイングランドの鉄道建設工事現場で起こったおぞましい事故にあったフィネアス・ゲージ（Phineas P. Gage）の情動障害について紹介する（Harlow, 1848, 1868）．彼は，もともと人から信用され，温厚な性格で人から慕われる人であったが，事故により色々な問題を起こしてしまった．まず，この事例について少し触れる．

a. フィネアス・ゲージの事例

フィネアス・ゲージは鉄道建設作業の現場監督であり，岩を爆破する仕事をしていた．ある日，仕かけたダイナマイトが爆発しなかったため，鉄棒でつついた瞬間に爆発し，鉄棒が下顎から頭を貫通した．彼は，奇跡的に生還し，徐々に身体的な回復を見せたが，事故以前の性格と変わってしまった．以前は，有能で効率的な現場監督であり，仲間からも信頼され慕われていたが，事故以後は，下品で仲間や家族に敬意を示さず，移り気，優柔不断で無計画な性格へと変わってしまった．

つまり，彼は鉄棒が脳を貫通し，脳の部位を損傷してしまった結果，人格が変わり，それまでの彼とは一変してしまった．このことからわかるとおり，脳を後天的に損傷した場合，それまでの自分と変わってしまう．それは，それまでできていたこと，たとえば，歩けること，食べること，覚えることなどができなくなってしまうこともある．あるいは，それまでの性格が変わってしまい，周囲の人が戸惑い，受け入れるのに時間がかかるという障害も起こる．

b. 扁桃体損傷

2.2 節 d 項でも説明したとおり，扁桃体は攻撃行動の発現に関与しており，攻撃行動が生じるとき，扁桃体の活動が増大している．怒りの感情を抑制できない人は，扁桃体に異常があるといわれている（北芝，2011）．つまり，扁桃体が損傷した場合，暴力的で感情の抑制ができず，他者への思いやりにも欠け，社会性が欠落したような人格になる．

扁桃体が損傷を受けた場合，恐怖心を認知することができず（佐藤，2002；Blair, 2003），パーソナルスペースが狭くなり（Kennedy et al., 2009），視覚による驚愕反応の減少と嫌悪条件づけの失敗（Angrilli, 1996；Hare and Quinn, 1971）など数多くの結果が報告されている．

c.　反社会性パーソナリティ障害

映画「羊たちの沈黙」に出てくるバッファロー・ビルという猟奇殺人犯は，エド・ゲインとテッド・バンディという実在の人物をモデルにつくられたキャラクターである．エド・ゲインは，ウィスコンシン州で2名の女性を殺害したほか，墓荒らしを行って死体の皮膚をはいで切り刻み，皮膚からつくった服をまとい，儀式とよぶ踊りをした．残虐的な手口で2名を殺害し，“戦利品”を家のあちこちに置いた．一方，テッド・バンディは，ワシントン州・ユタ州・コロラド州の3州にまたがって19名の女性を誘拐し，性的暴行を加えて殺害した．彼は，身体が不自由であるように見せかけ，荷物を車に運ぶのを手伝ってくれた女性を殴りつけて誘拐していた．逮捕されたものの脱走し，再度女性に暴行を加えて殺害した経歴をもつ．彼らは，パーソナリティ障害の一つである「反社会性パーソナリティ障害」であった．

反社会性パーソナリティ障害はパーソナリティ障害の一つで，扁桃体の損傷に関して数多く指摘されている．冷淡さ，衝動性，操作性，良心の呵責や共感の欠如，無責任，寄生的な生活スタイル，反社会的行動等の対人関係と感情，生活スタイルと反社会的行動の面から特徴づけられる．たとえば，映画「羊たちの沈黙」のハンニバル・レクター博士は，実在の反社会性パーソナリティ障害をモデルにしている．あるいは，映画「キャッチ・ミー・イフ・ユー・キャン」のフランク・W・アバグネイル・Jrも，実在した反社会性パーソナリティ障害である．犯罪者になる反社会性パーソナリティ障害でも，レクター博士のように残虐で冷酷なタイプもいれば，アバグネイル・Jrのように，詐欺を繰り返すが人を傷つけないタイプもいる．共通していることは，反省心がなく，人を操作するのがうまく，病的なまでに嘘をつき，自分に対する評価が高いといった側面である．

d.　視床下部の損傷

扁桃体と同様に，視床下部を破壊されると暴力性が減ることがわかってきている．しかし，視床下部が損傷を受けると暴力行為が減るだけでなく，生存のための行動そのものができなくなり，摂食や飲食行為がまったくできなくなる．行為そのものができなくなるだけでなく，生存への動機づけをなくしてしまう（北芝，2011）．

e. 再犯リスク

Aharoni et al.（2013）は，再犯の可能性についてMRI（機能的磁気共鳴画像）を用いて調べた．釈放直前の男子受刑者96名を対象とし，敏速な判断を要したり，衝動的な反応を抑制したりしなければならない課題（task）を行わせ，その間の脳の様子をfMRIを用いて調べている．被験者に敏速な意思決定に関する課題を行わせ，意思決定や共感，情動等の機能にかかわっている前部帯状皮質の活動を解析した結果，前部帯状皮質の活動が低かった者は，年齢や薬物，アルコール乱用，精神病質等，他のリスク要因とは独立して，出所後に再犯して逮捕される可能性が高い．

f. 脳と犯罪

現在に至るまで，脳と犯罪に関連する研究がさまざまに行われてきた．たとえば，レイプ（rape：強姦）犯罪者では，Raine et al.（1997）は，PET（陽電子放射断層撮影）を用いて殺人者の脳を研究した．その結果，前頭前野の活動の低下，および攻撃性に関係している脳領域である扁桃体や側頭葉内側部における活動の左右差を明らかにした．また，側頭葉と大脳辺縁系の両方に異常があるため，攻撃的な反応と性的反応が同時に起こり，両者が混ざり合った形でレイプ行動を発現させることも明らかとなってきた．これは，攻撃的にしないとセックスができないからであると推察される（北芝，2011）．

g. 神経伝達物質と犯罪

ステロイドホルモンの１種であるコルチゾールは，ネガティブな刺激（例：ストレス等）が長時間にわたって与えられたときに，アドレナリンを急増させるとともに，分泌させるものである．コルチゾールに関連し，暴力を振るったり，目的をもった行動ができないなどの行動障害を起こす子どもでは，唾液中のコルチゾールが少ないことが明らかになっている．コルチゾールは攻撃性の強さや日常的に行われる暴力とも関連が示唆されている（北芝，2011）．

脳内の神経伝達物質は薬物やアルコール，タバコと非常に密接な関係にある．

脳内で快感と関連して放出される神経伝達物質はドーパミンである．たとえば，アルコール依存症やギャンブル依存症は，このドーパミンが過剰に放出されることに関連して快感を得ており，さらに強い快感を得るため，より強い刺激を追い求める傾向がある．このドーパミンと似た分子構造を有する薬物やアルコール，タバコ等には同様の作用がある．

病的賭博者は刺激追求性が強く，衝動的で物質乱用の傾向があることが知られ，それは脳のセロトニン機能の低下と関連があると考えられている．セロトニン機能が低いと衝動コントロールが障害される（田島，2007）．つまり，ギャンブルに依存している人は，脳内のセロトニンの機能が低下しており，止められないことが明らかにされつつある．また，β-エンドルフィンという神経伝達物質は，モルヒネと同じ報酬作用がある．パチンコに依存している人ほどこの β-エンドルフィンが増大していた．つまり，β-エンドルフィンは，苦痛を和らげるために自然に放出される脳内麻薬なので，パチンコに依存している人は，刺激を追求しているというよりも，苦痛を和らげている可能性がある．

以上のことから，情動を発現する脳領域を損傷した場合や，コルチゾールやドーパミンなどの，ホルモンや神経伝達物質の放出に異常がある場合，さまざまな行動異常が起こる．そして，犯罪行為に至ることもある．犯罪加害者を治療したり，犯罪防止のためにも，脳科学的視点から解明していくことが必要である．

2.5　情動制御システムの異常と犯罪

「情動犯罪」とは，情動の制御能力に問題があるということである．たとえば，別れ話がもつれて，衝動的に殺人に至った事件や，金銭トラブルの問題，人間関係の問題等によって相手に危害を加えてしまった事件などは，メディアを通して知る機会が多い．しかし，実際には，そうした犯罪者は，日頃から凶悪，凶暴で，感情的で問題ばかり起こしていたわけではない．日頃は，勤勉で優しい一面もあれば，穏やかで人から好かれていたかもしれない．つまり，そのような人たちは，あるできごとから怒りや恐怖，嫌悪などの情動が生じ，それを制御できずに行動に移してしまったのである．

a.　物質依存

ふだんは情動を制御できる人でも，アルコールやドラッグ等の物質を摂取する

表 2.1　DSM-5(Diagnostic and Statistical Manual of Mental Disorder, Fifth Edition, 2014)

アルコール使用障害（alcohol use disorder）	
A	アルコールの問題となる使用様式で，臨床的に意味のある障害や苦痛が生じ，以下のうち少なくとも二つが，12 カ月以内に起こることにより示される
1	アルコールを意図していたよりもしばしば大量に，または長期間にわたって使用する
2	アルコールの使用を減量または制限することに対する，持続的な欲求または努力の不成功がある
3	アルコールを得るために必要な活動，その使用，またはその作用から回復するのに多くの時間が費やされる
4	渇望，つまりアルコール使用への強い欲求，または衝動
5	アルコールの反復的な使用の結果，職場，学校，または家庭における重要な役割の責任を果たすことができなくなる
6	アルコールの作用により，持続的，または反復的に社会的，対人的問題が起こり，悪化しているにもかかわらずその使用を続ける
7	アルコールの使用のために，重要な社会的，職業的，または娯楽的活動を放棄，または縮小している
8	身体的に危険な状況においてもアルコールの使用を反復する
9	身体的または精神的問題が，持続的または反復的に起こり，悪化しているらしいと知っているにもかかわらず，アルコール使用を続ける
10	耐性，以下のいずれかによって定義されるもの：
(a)	中毒または期待する効果に達するために，著しく増大した量のアルコールが必要
(b)	同じ量のアルコールの持続使用で効果が著しく減弱
11	離脱，以下のいずれかによって明らかになるもの：
(a)	特徴的なアルコール離脱症候群がある
(b)	離脱症状を軽減または回避するために，アルコール（またはベンゾジアゼピンのような密接に関連した物質）を摂取する

と制御できなくなることもある．DSM-5（Diagnostic and Statistical Manual of Mental Disorder, Fifth Edition, 2014）には，アルコール使用障害（alcohol use disorder）の診断基準が記載されている（表 2.1）．アルコール使用障害の人は，継続的な消費が重大な身体的問題（例：記憶の欠損，肝障害），心理的問題（例：抑うつ），社会的または対人関係の問題（例：酔って配偶者と激しい口論をする幼児虐待）を起こしていると知っているにもかかわらず，アルコール消費を続ける場合があると DSM-5 に記述されている．アルコール使用障害の人では，自殺行動ならびに自殺の完遂の割合が増加しており（赤澤ら，2010），脱抑制と悲観や易怒性の感情をもたらすため，自殺企図と自殺既遂の一因になることが多いから

である（赤澤ら，2010）．さらに，重度のアルコール使用障害は，とりわけ反社会性パーソナリティ障害においては，殺人を含む犯罪活動の遂行と関連している．つまり，アルコール耐性は人によって異なるが，過度なアルコール摂取やアルコール使用障害のように持続的に摂取し続ければ，アルコールを摂取していない状態と異なり，情動を制御しにくくなる．これは，精神障害やパーソナリティ障害でなくとも，健常者でも情動を制御できない状態になる可能性が非常に高いことを示している．

アルコール使用障害や依存症の人では，海馬体の萎縮などの器質的変化が見られ（橋本・斉藤，2010），ウェルニッケ脳症を引き起こすこともある（Manzo et al., 2014）．

b. 薬　物

薬物にはさまざまな種類があり，大麻，ヘロイン，コカイン，MDMA（3,4-methylenedioxymethamphetamine），睡眠薬，精神安定剤など多岐に渡っている．DSM-5 の「物質関連障害および嗜癖性症候群」のカテゴリーは，上記で紹介したアルコール使用障害以外にも「大麻使用障害（cannabis use disorder）」や「幻覚薬関連障害群（hallucinogen-related disorders）」，「吸引剤障害（inhalant use disorder）」などが含まれている．薬物は，身体的に悪い影響を及ぼすだけでなく，強盗，殺人などの犯罪を誘発し，家庭の崩壊や社会規範を破り，生活にも支障をきたす．薬物乱用の特徴は，「精神に作用し，依存を形成する働きを有することである．中枢神経の興奮・抑制によって，多幸感，爽快感，酩酊，不安・苦痛の除去，幻覚などをもたらす作用を求めて連用することにより，依存症が生じ，薬物なしではいられないという状態に陥ると，幻覚･妄想などの精神状態をきたす」のである（羽原，2008）．

薬物乱用の特徴となる，幻覚や，応増，快感，覚醒などは，薬物が中枢神経伝達系のシナプス前膜（神経伝達物質を放出する側の細胞の軸索終末部膜）に作用して，神経伝達物質の再取り込み阻害および遊離促進などにより，ドーパミン，セロトニン，ノルエピネフリンなどのモノアミン神経伝達物質の量が増大するからである（高橋ら，2010；佐藤ら，2009）．

大麻は，前頭前皮質に影響を及ぼすことが知られている（曽田，2009）．曽田（2009）は，前頭前皮質は，人間が人間らしい生活をするのにもっとも重要な部分であり，この働きが障害されると，危険だとわかっていても大麻から手を引くという道徳的な判断ができず，やがて身体を破壊する危険な薬物にも平気で手を出すようになると指摘している．

コカインは，ドーパミン，セロトニン，ノルエピネフリンの再取り込みを抑制し，覚せい剤（methamphetamine：MAP）は，ドーパミン，セロトニン，エピネフリンの遊離を促進し，また合成麻薬の MDMA は，セロトニンの遊離を促進することによって中枢神経系を刺激し，作用を発揮する（佐藤・野中，2008）．

「薬物は一度手を出すとやめられなくなる」といわれている．脳内にある神経伝達物質の増減によって，一時は快感や覚醒，幻覚，痩せるといった特徴が見られるが，その後に必ず抑うつ，不快，幻覚などの特徴が現れるのである．そして，これを繰り返していくにつれ，脳への刺激が弱まってくるようになり，徐々に強い刺激を求めるようになる．すると，薬物の摂取量の増加やより強い薬物への移行，あるいはさまざまな薬物を乱用するようになり，ますますやめられなくなり，身体的な障害だけでなく，脳の機能不全を引き起こすことになる．そして，薬物を摂取すると，通常の理性的な判断や道徳観，倫理観などがなくなり，情動を抑制できなくなる．突然怒りだしたり，興奮しだしたりするだけでなく，薬物の効果が抜けてくると抑うつや不快感が起こる．

c.　神経伝達物質

セロトニン機能の低下と，自殺衝動，自殺未遂や自殺既遂が関連している（Asberg, 1997）．これは前節（2.3 節 e，2.4 節 g）で言及したように，セロトニン量とうつ病は関係しており，セロトニン量が低下すれば，うつ病になる傾向が高まり，自殺企図や希死念慮が起こってくる．Moffitt et al.（1998）は，血小板細胞中のセロトニンレベルを一般人の男女 781 名を対象に測定した．その結果，男性では，血小板セロトニンのレベルの高さが暴力と関連していることが明らかになった．

d.　加害行為

宮内（2013）では，加害行為想起時の脳活動測定をし，加害行為特異的経験と関連して，右島皮質中間部の活動が見られ，一方，被害者の目撃と関連して，左前部帯状皮質膝下野に活動がみられることを報告している．右島皮質中間部は加害行為が喚起する情動の経験に，左前帯状皮質膝下野は加害行為の目撃にともなう情動抑制に関与することが示唆されている．

e. 自殺・ストレス・うつ病

昨今，電車への飛び込み自殺や介護疲れによる自殺などをメディアを通してよく耳にするが，警察庁統計「平成17年版」（図2.1）によると，1日あたりに90人近くが自殺しており，交通事故死亡者の約5倍の計算になっている．また，WHO統計でOECD諸国別に自殺率を調べると，第1位がロシア，第2位が日本となっている（図2.2）．

自殺と同じようによく耳にする言葉は「ストレス社会」である．人間関係や上司や先輩によるハラスメント，ブラック企業への就職など多岐にわたる要因がストレスとなり，心理的・身体的反応が現れる．この心理的反応には，抑うつや怒り，不機嫌，不安，気分不安定性，無気力などがあり，日常生活に支障をきたすようになる．このストレスによって引き起こされる代表的な病気として，うつ病があげられる．

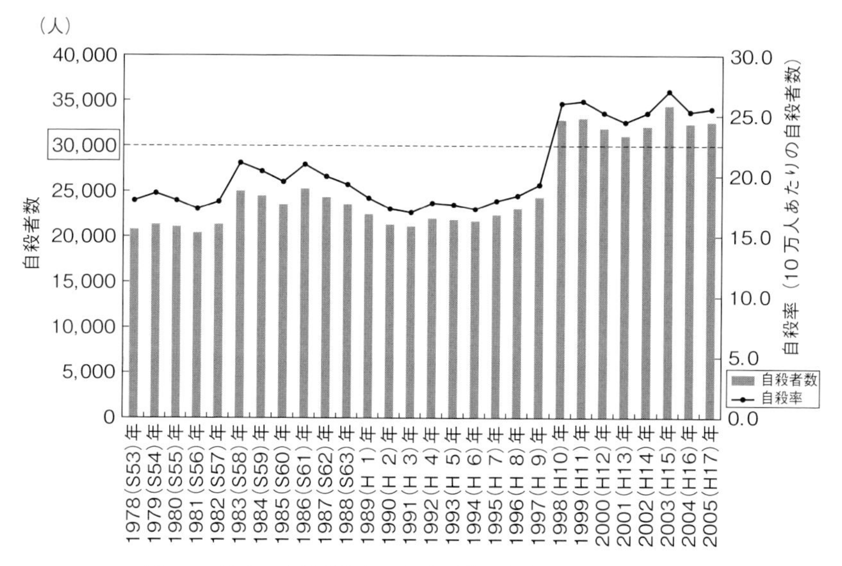

図2.1 日本の自殺者数と自殺率（警察庁統計「平成17年中における自殺の概要資料」より作成）

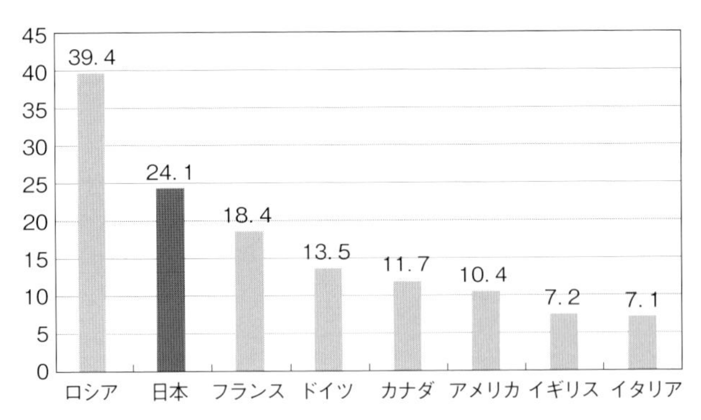

図 2. 2　世界の自殺率（G8, 2000）（WHO 統計“Country reports and charts available”ほかより作成）

1)　うつ病と自殺

うつ病の特徴として，食欲低下，睡眠障害，不安感，イライラ，疲れやすさ，抑うつ気分，興味や喜びの減退，集中力の低下などあるが，もっとも危険な特徴は，自殺念慮である．うつ病になると「死にたい」という気持ちや考えが起こり，もっとも抑うつ気分が強い時期ではなく，その前後に多いといわれている．上記で言及した自殺率のなかに，うつ病を発症し，症状の一つとして自殺行為をした人も含まれている．うつ病の神経基盤として，海馬体萎縮が指摘されており，ストレス脆弱性の形成に関連する（山脇，2005）．また，神経伝達物質のセロトニン放出量の低下も原因の一つといわれており，SSRI（選択的セロトニン再取り込み阻害薬）が効果的である．

2)　ストレスと自殺

ストレスの定義は，研究者によってさまざまであり不明瞭であるが，「ストレス刺激は，ストレスホルモン，たとえば，視床下部ー下垂体前葉ー副腎皮質系の活性化，あるいは交換神経・副腎髄質系の賦活化（ノルアドレナリン・アドレナリンの放出）を誘発する刺激とほとんど同義である」（尾仲，2005）．このストレス反応は，脳で形成される反応であり，さまざまな現象が起こる．そしてむろん，持続的に，過度にストレスが負荷されれば，うつ病のような病気を発症しやすくなったり，自殺行為をする可能性が高くなる．小澤（2008）は，ストレス反応形成における神経基盤として，脳における副腎皮質ステロイドホルモンの受容体が重要な役割を果たしていることが示唆されている．

3)　うつ病とストレス

ストレス性の刺激に対する生体反応の場として視床下部ー下垂体ー副腎皮質系（Hypothalamic-Pituitary-Adrenal Axis：HPA 系）があり，ストレス性の刺激がHPA 系を過剰に刺激しないように，生体にはネガティブフィードバックシステムがある．しかし，うつ病ではこの HPA 系の過剰に対するフィードバック機能が減弱していることが報告されている（三國，2005）．

4)　まとめ

持続的かつ過剰なストレス負荷がかかると，うつ病を発症するリスクが高まり，自殺へつながることもある．ストレス反応は，脳の特定領域の障害によって増大し，そこから心理的・身体的反応へと移行する．これらさまざまな反応に対し，自分では制御できなくなってくる．たとえば，元気なふりをしなければならないと自分に対して鞭を打っても，長期間にわたりストレス負荷されると，徐々にとりつくろうことも困難となってくる．そして，抑うつ気分や食欲減退，集中力の低下などさまざまな障害が生じるが，これに脳の特定領域や神経伝達物質の障害が関与している．

すなわち，われわれの情動発現や情動制御は，脳で行われ，心理面や身体面などに問題が起こる．情動が発現されなければ，円滑な対人関係や危機管理などができなくなる一方で，この情動を制御できなければ，うつ病や薬物などに手を出すようになる．すなわち，心身の健康を保つためには，脳における情動発現とその制御のバランスが重要である．

2.6　摂食異常，性欲異常と犯罪

a.　食行動障害および摂食障害群（feeding and eating disorders）

摂食障害とは，食行動の重篤な障害を呈する精神疾患の一種である．いわゆる拒食や過食などの用語で知られていることが多い．原因は完全には解明されておらず，厚生労働省の難治性疾患（難病）に指定されているが，脳との関連等も徐々に解明されてきている．

食行動障害および摂食障害群は，アメリカ精神医学会から出版されている「精神疾患の診断・統計マニュアル（Diagnostic and Statistical Manual of Mental Disorders：DSM）」の最新版である第 5 版（DSM-5, 2014）においては，「異食症」，「反芻症／反芻性障害」，「回避・制限性食物摂取症／回避・制限性食物摂取障害」，

「神経性やせ症／神経性無食欲症」,「神経性過食症／神経性大食症」,「過食性障害」,「他の特定される食行動障害または摂食障害」,「特定不能の食行動障害または摂食障害」に大別されている.

「回避・制限性食物摂取症／回避・制限性食物摂取障害」,「過食性障害」は,極端に食べない（いわゆる拒食）,あるいは過剰に食べる（いわゆる過食）のいずれかであるが,両方が組み合わさっている,あるいは以前は拒食であったが現在は過食に転じているというケースも多く,その場合は治療にも時間がかかる.また,単純にただ過剰に食べてしまう,あるいは食べないというだけではなく,「太っている自分なんて価値がない」,「もっともっと痩せないといけない」といったように,自己評価が自身の体重や体型に過度に影響を受けているのが,「神経性やせ症／神経性無食欲症」,「神経性過食症／神経性大食症」である.DSM-5における診断基準は以下のとおりである.

神経性やせ症／神経性無食欲症の診断基準

A. 必要量と比べてカロリー摂取を制限し,年齢,性別,成長曲線,身体的健康状態に対する有意に低い体重に至る.有意に低い体重とは,正常の下限を下回る体重で,子どもまたは青年の場合は,期待される最低体重を下回ると定義される.年齢と身長による正常体重の最低限を維持することの拒否（たとえば,標準体重の85%以下になるような体重減少,成長期の場合,期待される体重増加が得られず,標準体重の85%以下になる）.

B. 有意に低い体重であるにもかかわらず,体重増加または肥満になることに対する強い恐怖,または体重増加を妨げる持続した行動がある.

C. 自分の体重または体型の体験の仕方における障害,自己評価に対する体重や体型の不相応な影響,または現在の低体重の深刻さに対する認識の持続的欠如.

▶いずれかを特定せよ

摂食制限型：過去3カ月間,過食または排出行動（つまり,自己誘発性嘔吐,または緩下剤・利尿薬,または浣腸の乱用）の反復的なエピソードがないこと.この下位分類では,おもにダイエット,断食,および/または過剰な運動によってもたらされる体重減少についての病態を記載している.

過食・排出型：過去3カ月間,過食または排出行動（つまり,自己誘発性嘔吐,または緩下剤・利尿薬,または浣腸の乱用）の反復的なエピソードがあること.

▶現在の重症度を特定せよ

重症度の最低限の値は，成人の場合，現在の体格指数（BMI：body mass index＝体重（kg）÷（身長（m））$^{2)}$（下記参照）に，子どもおよび青年の場合，BMIパーセント値に基づいている．下に示した各範囲は，世界保健機関の成人のやせの分類による．子どもと青年については，それぞれに対応したBMIパーセント値を使用すべきである．重症度は，臨床症状，能力低下の程度，および管理の必要性によって上がることもある．

軽度：BMI≧17 kg/m^2

中等度：BMI 16～16.99 kg/m^2

重度：BMI 15～15.99 kg/m^2

最重度：BMI＜15 kg/m^2

神経性過食症／神経性大食症の診断基準

A．反復する過食エピソード．過食エピソードは以下の両方によって特徴づけられる．

(1) 他とはっきり区別される時間帯に（例：任意の2時間の間に），ほとんどの人が同様の状況で同様の時間内に食べる量よりも明らかに多い食物を食べる．

(2) そのエピソードの間は，食べることを抑制できないという感覚（例：食べるのをやめることができない，または，食べる物の種類や量を抑制できないという感覚）．

B．体重の増加を防ぐための反復する不適切な代償行動．たとえば，自己誘発性嘔吐；緩下剤，利尿薬，その他の医薬品の乱用；絶食；過剰な運動など．

C．過食と不適切な代償行動がともに平均して3カ月間にわたって少なくとも週1回は起こっている．

D．自己評価が体型および体重の影響を過度に受けている．

E．その障害は，神経性やせ症のエピソードの期間にのみ起こるものではない．

▶現在の重症度を特定せよ

重症度のもっとも低いものは，不適切な代償行動の頻度に基づいている（以下を参照）．他の症状および機能の能力低下の程度を反映して，重症度が上がることがある．

軽度：不適切な代償行動のエピソードが週に平均して1～3回

中等度：不適切な代償行動のエピソードが週に平均して4～7回

重度：不適切な代償行動のエピソードが週に平均して8〜13回
最重度：不適切な代償行動のエピソードが週に平均して14回以上

いずれも，極端なほどに体重や体型にとらわれ，誤差といえそうなほどの体重の増減でも一喜一憂するのが特徴的である．神経性やせ症／神経性無食欲症は，まったく食べないというイメージが強いかもしれないが，診断基準を見ればわかるように，過食をともなう場合もある．しかし，痩せたい，太りたくないといった気持ちから，過食後には多くの場合において自己誘発性の嘔吐や下剤による排出行為が行われる．時には生命に危機があるほどの低体重であるにもかかわらず，自身では「太っている」，「数グラムでも増えてはいけない」，「体重が増えると自分がダメになったような気分になる」といった気持ちにとらわれてしまう．

神経性過食症／神経性大食症も同様に，体型や体重へのとらわれが強く，太りたくないために排出行動を行う．神経性やせ症／神経性無食欲症との違いは，体格指数（BMI）が基準を下回っているかどうかである．

特定不能の摂食障害は，他の特定の摂食障害の診断基準を満たさないが，摂食の障害がある場合に用いられる．

摂食障害の心理学的な仮説に関しては諸説あるが，ここでは脳機能との関連についておもに解説する．心理学的な仮説については他書を参照されたい．

幼少期の性的虐待の被害経験が，青年期以降に解離性障害や過食嘔吐，反復する病的窃盗，抜毛症等を含むさまざまな衝動抑制障害，強迫性障害の発症と関連することを示す実証研究は多い（Gershuny and Thayer, 1999；Lochner et al., 2002）．しかしもちろん，摂食障害患者のすべてが性的虐待を受けて育ったわけではない．性的虐待に限らず，家族関係に問題を抱えている者が非常に多いが，必ずしも家族に問題があり機能不全に陥っているとは限らない．摂食障害患者は，親や周囲の期待に応えようとする傾向が強く，自分自身の気持ちよりも他者の気持ちを優先し，自分自身の情動の表現やコントロールが苦手な傾向にある．

摂食異常と犯罪との関連を考えると，脳機能障害，とくに前頭葉における機能障害との関連が深い．若年期から拒食の症状がある場合，脳に十分な栄養が届かなくなり，脳の萎縮につながる．前頭葉は，大脳半球の前方に位置する部位であり，ものごとの計画を立て，順番通りに行っていく遂行機能や，状況に応じて欲求を抑える働きを司っている．目や耳から得られた情報を集め，自身の記憶にある情報と組み合わせ，思考や行動を組み立てて身体に指令を出すというのは，前頭葉の機能である．

とくに眼窩前頭皮質は，罰や報酬の認知にかかわる重要な部位であり，外部環境情報のモニタリング，学習，記憶による，社会行動や情報処理，およびそれらと関連する意思決定にかかわることが示唆されている（小野，2012；2014）．眼窩前頭前皮質は，外部環境情報が、自分にとって罰になるのかあるいは報酬となるのかなどの生物的価値の認知がなされる．自分の行動の結果が報酬（有益）であると判断されればそれにともなう行動は促進され，罰（有害）であると判断されれば行動をやめたり変えたりしようとする．眼窩前頭前皮質に機能不全が生じると，環境内の事物や事象が報酬か罰の判断ができなくなる．眼窩前頭皮質の機能不全によって脱抑制行動が生じ，衝動的な決断や行動を引き起こしやすくなる．その結果，冷静に，あるいは長期的に考えて自分にとって有害になるということが判断できず，衝動的に社会のルールを破るような行動を抑えられなくなってしまう．

摂食障害と眼窩前頭皮質の機能障害が合併すると，衝動制御の問題をきたし，たとえば「過食するための食品を窃盗する」などの犯罪行動に結びつく可能性がある．上述したとおり「拒食＝食べない」わけではなく，神経性やせ症／神経性無食欲症においては，過食をともなうことも少なくない．そのようなケースにおいて，たとえば「どうせ吐くのだから，わざわざ購入するのはもったいない」と考えたり，「過食をしたいが，毎回大量の食べ物を買うだけのお金がない」といった状況が生じうる．これに眼窩前頭皮質の機能障害が加わると，窃盗行動に結びつきやすくなる．すなわち，冷静に考えれば盗んではいけないとわかっていても，自分の行動をコントロールできなくなるため，とにかく衝動的に，食べ物を盗んででも手に入れるという考え，そして行動に至ってしまうのである．極端な場合には，スーパーマーケットに買物に行った際，過食をしたいという衝動も加わり，商品として並んでいる食料品をその場で食べ始めて逮捕されることもある．

盗みたくない，いけないことであるとわかっているのに万引や窃盗がやめられない場合，クレプトマニア（kleptomania：病的窃盗）と診断される場合もある．摂食障害とクレプトマニアは，どちらも眼窩前頭前皮質の機能低下を共通して有している可能性があり，両疾病が合併していることも少なくない．いずれも女性に多い疾患であり，合併しているケースにおいては，思春期に摂食障害を発症し，だんだんと過食するための食べ物を盗むようになり，さらには必要以上に食べ物や日用品を盗んでしまうのをやめられなくなるなどの経過をたどりやすい．

摂食障害の治療に関しては，さまざまな専門書があるのでここでは省略するが，認知行動療法と対人関係療法の二つが効果的な治療法となる．クレプトマニアの治療においては，まだ海外におけるエビデンスも乏しいのが現状だが，同様に認知行動療法等が効果的であると考えられ，国内における治療機関も徐々に増えてきている．

b.　パラフィリア障害群（paraphilic disorders）

パラフィリア障害群とは，過剰な，あるいは逸脱した性的空想を抱くことで，本人が甚大な苦痛を感じ，またはその空想や性的衝動を実行することで，法的，対人的，社会的困難（逮捕・服役，離婚，解雇等）を経験するにもかかわらず，自身ではコントロールできない性的嗜好である．

DSM-5 には以下のパラフィリア障害群があげられている．

窃視障害（boyeuristic disorder）
露出障害（exhibitionistic disorder）
窃触障害（frotteuristic disorder）
性的マゾヒズム障害（sexual masochism disorder）
性的サディズム障害（sexual sadism disorder）
小児性愛障害（pedophilic disorder）
フェティシズム障害（fetishistic disorder）
異性装障害（transvestic disorder）
他の特定されるパラフィリア障害
特定不能のパラフィリア障害

いずれも，たとえば何度も捕まっており，やめたいと思っているのに痴漢や盗撮がやめられない，あるいは実際に行ってはいないが，露出をしたくなってしまう衝動が強く，日常生活に支障をきたすなどの場合に診断される．

その内容からわかるように，実行に移せば犯罪となるものがほとんどである．性犯罪の行動に至る要因は，性的欲求だけではない．本人の要因と環境が複雑に絡み合い，実際の行動およびその継続に至る．情動との関連で述べれば，他者の情動の読み取りも，自分の情動の把握やコントロールも，どちらも苦手な者は多い．この点に関しても，脳機能，とくに扁桃体，島皮質，そして摂食障害でも触れた眼窩前頭皮質との関連が指摘されている．

扁桃体は，とくに不安や緊張，恐怖などの情動との関連が深い．この部分に機能不全が生じると，恐怖や苦痛など他者の情動に気づくことが難しくなり，共感性の欠如とも関連している．自分の行為によって，相手がどのような恐怖や苦痛を感じるかを想像したり，実際に自分の行動によって相手が怖がっていたり苦痛の表情を浮かべていても，適切に認識することができなくなってしまう．そのために，犯罪行為や暴力行為といった問題行動を抑止できない．たとえば，痴漢行為をして，被害女性が嫌がる表情を浮かべていても，嫌がっているとわからずに，そして相手が嫌がる気持ちが想像できずに継続してしまうのである．

島皮質は，痛みや嫌悪など，不快な情動との関連が深いとされる．島皮質の損傷や機能不全によっても，怒りや嫌悪といったネガティブな表情の認知が識別しづらくなる傾向が報告されている．

以上を要約すると，これらの障害により，他者への共感が低下したり，相手の表情から相手の気持ちや感情を想像し，自分の行動を修正することができなくなったり，自己の行動が適切か否かを客観的に判断する能力が低下したりする．これらの障害が犯罪に結びつきやすい要因になりえることは容易に想像できる．

脳機能障害は，MRI，SPECT，PET などの画像検査および神経心理学的検査等を用いて，器質的ないし機能的異常を特定する必要がある．しかし，情動処理など共感性の欠如の問題に関しては，認知行動療法による治療によって改善が可能である．認知（ものごとの考え方やとらえ方）のあり方や行動を変容させることで，情動の欠陥を補うのである．また，自己および他者の感情状態を知覚する訓練を行い，情動処理を促進させることを目的に，情動リハビリテーションを行うことも効果的である．

パラフィリア障害群は，その診断基準上，本人が苦痛を感じている，あるいは実際に犯罪行為に至っている際に診断がつくものであるため，なんらかの改善が必要な状態であると考えられる．パラフィリア障害群，とくに実際に性犯罪行為に至っている者の治療においても，欧米を中心に認知行動療法と薬物（ホルモン）療法が行われており，これら二つのアプローチが必要となる．認知行動療法が性犯罪者に対して有効であるというのは，海外の研究において多数報告されている（Marshall et al., 2006）．

このような治療を行っていくことによって，歪んだ認知や考え方が修正され，適切な行動を選択できるようになり，再犯防止へとつながっていく．刑罰や刑務所内での治療では，認知の変化に必要な対象や人物（下着や女性など）が存在せず，刺激が少なく過度に人工的な環境で行われることになってしまう．再犯防止の方向性や計画は立てられても，実際に社会復帰後にそれらを実践していくためのサポートは現状では不足しており，必ずしも再犯率の低下につながらないということが多くの研究で示されているため，社会生活を行いながらコミュニティ内で治療を行っていく体制を整えていくことが，今後求められる．これらは決して性犯罪加害者を擁護するものではなく，再犯を防止し，再犯による新たな被害者を生み出さないために必要である．

2.7 愛欲と犯罪

a. 愛欲とストーカー

日常ではそれほど多用されないが，愛欲という言葉はもともと仏教用語である．仏教における愛には，愛，親愛，欲楽，愛欲，渇愛などがあるが，そのなかで性的な愛を愛欲という．性欲は愛欲に含まれる．

愛と犯罪との関係は，根本的には縁遠いものであるはずが，実は表裏一体であるということを，「愛憎相半ばする」といったような言葉もあるとおり昔から多くの人が感じてきている．愛する相手を殺害する，という行為に関しては，日本には古来，心中という概念がある．心中は，「相手を愛するがゆえに，今世では認められない愛のため輪廻転生し，来世でひとつになるために」といったような側面が強い．しかし，愛が転じて憎しみとなり，一方的に相手を傷つけようとしたり，究極の場合には殺害に至ったりするパターンが近年社会問題となっている．そのひとつがストーキング（stalking）である．ストーキングは，必ずしも男女間の恋愛関係におけるトラブルに基づくものではなく，同性間であったり，恋愛感情は含まれないものも存在する．しかし，数的に多く，殺傷にまで至るほどのケースの大部分は，男女間の恋愛感情に基づくものである．警察庁（2018）のデータでは，被害者と加害者の関係が「配偶者（内縁・元含む）」が 7.4%，「交際相手（元含む）」が 44.8% と，交際の関係にある，あるいはあったものが 50% を超える．

そもそもストーキングという用語自体，比較的新しい用語である．悪質なつきまとい行為であるストーキング，およびそれらの行為を行う者を指すストーカーという存在が日本で注目されるようになったのは，1999 年 10 月の桶川女子大生ストーカー殺人事件以降である．この事件では，埼玉県桶川市の JR 高崎線桶川駅前で，被害者である女子大学生が，元交際相手とその兄が雇った男によって殺害された．殺害に至るまでに，被害者に対する中傷や脅迫といったストーキング行為が繰り返し行われており，被害者から警察に何度も相談があったが，警察は個人間の問題として適切な介入を行えなかった．最終的に殺害という結果にまで至ってしまったこの事件を契機に，2000 年に「ストーカー行為等の規制等に関する法律」いわゆる「ストーカー規制法」が成立した．このなかでは「つきまといや待ち伏せ」,「監視していることを伝える」,「面会などの要求」,「無言電話や連続した電話・FAX」などといった 8 項目を「つきまとい等」の行為として規制している．これにより,「つきまとい等」の行為を行った加害者に対して，被害者から要望があれば警告を行ったり，警告に従わなければ禁止命令を出し，それにも従わなければ逮捕するといったような警察の対応が可能となった．しかし，2012 年の逗子ストーカー殺人事件では，事前に加害者から被害者に対して大量のメールが繰り返し送られていたが,「メールは規制対象に含まれない」として警察が対応しなかったという問題点が指摘され, 2013 年には「執拗なメール」もつきまとい行為に追加するなどの改正が行われた．さらに 2016 年の改正（2017 年 6 月に施行）においては，以前はまず警察が加害者に警告した上で，警告に従わずにストーキング行為を続けた場合に禁止命令を出すことが可能であったが，緊急性の高いケースにおいては，警告を経ずに禁止命令を出すことが可能となった．禁止命令違反の場合は立件の対象となり，刑罰も厳罰化されている．

しかし，度重なる法の改正や厳罰化にもかかわらず，ストーキング被害の相談は増加傾向にあり，殺害という最悪の事態に発展してしまうケースも後を絶たない．警察庁（2018）による「ストーカー事案の相談等状況」は，若干減少している年もあるものの基本的に右肩上がりに増加しており，2017 年は 23079 件と最多であった．

ストーカー規制法のひとつの問題点は，恋愛関係になかったケースが対象とならないことである．ストーカー規制法では,「つきまとい等」を「特定の者に対する恋愛感情その他の好意の感情又はそれが満たされなかったことに対する怨恨の感情を充足する」ための行為であると定義しているためであり，日本独特の定義である．そのため，恋愛感情のない相手にただ嫌がらせで毎日たえず電話をかけたとしてもストーカー規制法の対象とはならず，他の法律や条例（業務妨害罪や都道府県ごとの迷惑行為防止条例など）で対応しているのが現状である．

b. ストーカーの分類

ストーカーといっても，元恋人から見知らぬ相手，有名人が対象（スターストーカー）など，さまざまなパターンが存在する．それらを傾向ごとに分類する試みが何人かの研究者によってなされているが，ここでは現在もっとも一般的であるMullen et al.（2000）の分類を紹介する．

1） 拒絶型（rejected）

元恋人や元妻など，振られたり別れたりしたことがきっかけでストーキング行為が始まるタイプである．付き合っているときから依存的な傾向があり，自尊心の高いことが多い．破局直後は振られたことをなかなか認めようとせず，よりを戻そうとしつこくつきまとうが，しだいに自尊心が傷つき，怒りや復讐などの気持ち，危険な行動に発展しやすい．逗子のストーカー殺人事件や，同様に殺人にまで発展した2013年の三鷹ストーカー殺人事件は，いずれも以前婚姻あるいは交際関係にあったもので，このタイプに含まれる．

2） 憎悪型（resentful）

日頃からストレスや不満を溜め込みやすく，ストレスをたまたまかかわりをもった一人の被害者にぶつけ，苦しめることで鬱憤を晴らそうとする．まったく関係のない被害者に対してストーキング行為を行うこともある．ストレス発散としてのストーキング行為，嫌がらせが主である．被害者とは恋愛関係にないことが多く，被害者にはまったく心当たりがないことも少なくない．「金持ちである」，「態度が悪い」など，加害者の不満にあてはまる人が被害者となりやすい．ストーカー規制法の対象になりにくいことが多い．

3） 親密希求型（intimacy seeking）

以前に関係があった拒絶型とは異なり，関係のなかった相手，たとえば片思いの相手などが対象になることが多い．パーソナリティ障害や精神病などが関係していることも少なくない．被害者との間に恋愛的な妄想をつくりあげ，「相手も自分を愛している」などと一方的に思い込んでいることが多く，被害者からすれば言動が不可解に見えることもある．待ち伏せや贈り物などを一方的に繰り返し，相手の立場や気持ちを考えることができず，拒絶されてもそれを理解せずに繰り返してしまう．相手の立場に立って考えることが苦手な自閉症スペクトラム障害などの発達障害が関係している場合もある．

4) 無資格型（incompetent）

妄想的ともいえる自己愛の高さが特徴的であり，相手は自分の欲求に応える義務があると考えている．被害者に対して，「自分は相手と付き合う権利がある．相手も自分と付き合わなければならない，付き合いたいはずだ」といった思い込みに基づき，何回もアプローチを繰り返す．被害者が拒絶を伝えたとしても，すべてをポジティブにとらえがちで，自分の思い込みを変更しようとすることができない．有名人を相手にストーカーを行う，いわゆるスターストーカーもここに含まれる．

5) 略奪型（predatory）

反社会性パーソナリティ障害との関連が深く，もっとも危険なタイプである．殺害や強姦などを目的としてストーキング行為を行う．たとえば，強姦を目的として，被害者の情報を探るためにストーキング行為を行う．被害者は気づいていないことも多い．目的のための手段としてのストーキング行為であり，厳密にはストーカーともいいがたい．数は少ないが，性犯罪や殺人事件などの重大犯罪につながりやすい．

c. ストーカーの治療

上記のようにストーカーにもさまざまなタイプがあるが，多くはやはり男女関係に基づくものである．ストーカー被害の訴えが増加の一途をたどっているが，男女間のトラブルに起因するストーカー行為は，警察の口頭や文書警告などで8割が収束するといわれている．しかし，残りの2割はストーカー行為をやめないということである．その2割のなかに，凶悪事件を引き起こすストーカーが存在しうる．

福井（2014）は，そのようなストーカーの特徴を，「自分がつきまとうのは相手のせい」という被害感情をもち，相手に拒絶されても「自分のよさを理解できないだけ」，「自分のよさを理解できれば受け入れられるはず」など，自己中心的に解釈する点にあると分析している．周囲の人にいくら諭されようと，これらの思い込みを変えることができない．しかし，それらの思いが現実となることはまずありえず，そうなると被害感情はさらに強まり，やがて恨みの感情となる．いわば「恨みの中毒症状」に陥っている彼らの特異な傾向を，福井はひとつの病気としてとらえ，「ストーカー病」と名づけ，治療の可能性と必要性を提示している．ストーカーをただ病気扱いして異常者として扱うためではなく，治療されるべき対象として，また，それにより改善が見込まれる対象として，「ストーカー病」の名称を提唱している．

危険度の高いストーカーに対しては，刑罰はあまり意味をなさないとされている．時間の経過によって憎しみが軽減されず，むしろ積もり積もって恨みが大きくなっていくこともある．10 年以上も前のできごとを，昨日のできごとであるかのように激しい感情をともなって話すこともある．2012 年の逗子ストーカー殺人事件においても，加害者は2011 年の時点で被害者への脅迫罪容疑で懲役 1 年，執行猶予 3 年の有罪判決がくだされているが，実際の犯行に及んだのは 1 年以上経ってからである．この空白期間は決して刑罰の効果ではなく，被害者の当時の居住先がわからなかったためと考えられている．加害者は裁判で被害者の転居後に隠されていた住所の一部を知り，それを手がかりに探偵事務所に調査を依頼した．犯行に及んだのは，探偵事務所から被害者の新たな住所の情報を得た翌日であった．

このように，刑罰が抑止力とならないストーカーに対して，単なる「男女問題」として介入しないのではなく，警察の介入の必要性およびさまざまな対応が求められるようになり，実際に試みられ始めている．そのひとつが，警察が導入している危険度判定プログラムである．これは，被害者が被害届を提出した際，被害者の評定によって加害者の危険度を判定するものである．また，警察庁がストーカー治療に関する調査研究を始めており，司法と医療の連携が今後さらに広がっていくことが期待されている．

ストーカーの治療には，より心の奥に踏み込んだ治療，つまり根っこの部分にあるパーソナリティの歪みを治す必要がある．こうしたパーソナリティ自体の治療は，認知行動療法（cognitive behavior therapy：CBT）の一種である弁証法的行動療法（dialectical behavioral therapy：DBT）によって行われる．認知行動療法とは，日々のできごとのなかで，問題と関連していると考えられる自己の「思考，感情，行動」の各部分に焦点をあて，より適切で有効，かつ現実的な思考，感情，行動と段階的に入れ替えていく．また，適応的な行動や不適切な衝動が起こった際の対処の仕方を身につけさせていく，体系的アプローチ方法である．

DBT は，もともと境界性パーソナリティ障害の治療に特化されて開発された技法であり，「今この瞬間による行動の受容と行動化の強調」，「患者と治療者，双方における治療妨害行為の取り扱いの強調」，「治療に必要な治療関係の強調」，「弁証法的プロセスの強調」を特徴とする．すぐに何かを変えようとするのではなく，まず自身の行動や現在の状況の妥当性を，さまざまな角度から探求する．そして，自己と現在の状況の「変容」のバランスを，治療対象者自身が見つけていけるように援助する．また，「自己の置かれているありのままの状況とともに，その瞬間瞬間に気づき過ごす」ことにより，衝動や行動を抑制する方法のひとつとなることが期待される．また，DBT において「他者との境界線を明確にした，健全な対人関係を構築するための適切な自己表現」，「感情に気づき，感情的な弱さや苦痛を軽減する」，「苦痛感情に耐える」などのためのテクニックを習得していくなかで，さまざまな感情をコントロールし，衝動の行動化を抑制できるようになるとされる．さらに，できごと，思考，感情などの要因が，どのように特定の問題行動につながり，その行動にはどのような結果をともなったかという詳細な行動分析も，治療者の援助を受けながら治療対象者自身が行う．そして，再び同じような状況に陥った際に，適切な行動を選択できるようにトレーニングを受ける．たとえば，相手に何通もメールを送ってしまう問題行動があれば，「どういうときに送りたくなってしまうのか」，「そのときにはどのような考えや感情が浮かんでいるのか」を徹底的に分析する．そして，そのようなできごとや感情が起こった際に，どのように対処していけばよいのかを探っていくのである．

ストーカーは，自身に問題があると考えておらず，「相手（被害者）が悪く，むしろ自分の方が被害者だ」と思い込んでいることも少なくない．そのため，治療を受けるかどうかも含めて自分自身を変えていくためのモチベーションも低くなりがちである．怒りなど感情の表現やコントロールも苦手なことが多い．そのようなストーカーにとって，現状を整理し，自分自身も楽になるためにはどうしていくかを探っていく DBT は効果的である．

d. 今後のストーカー対策

ストーカー対策は，日本においてはまだまだ体制が整っていない．体制の整備も今後の大きな課題のひとつである．先進的な取り込みをしているオーストラリアなどを参考に，今後の対策のひとつの案を以下に述べる．

ストーキング問題における一連の流れを考える際に，最初にあるのは，恋愛や親しい関係である．この時点で，「交際の始め方」,「付き合い方のマナーの啓蒙」,「SNS 等で知り合ってすぐに肉体関係をもつことに対する危険」などに関する教育を，学生など若い世代を中心に広く行っていくことで，予防効果がまず期待できる．たとえば交際していた相手と別れる際，理由等を何もいわずに「別れる」とのみ SNS で一方的に伝え，返事も聞かずに着信拒否をして連絡を一切断つことは，相手をストーカー化させるリスクを高めてしまう．このような知識を得ることで，知らないままにストーキングの被害に遭うリスクを高めてしまうことを防ぐのも大切である．当たり前に思えるが，当たり前のことをまずしっかりと徹底していくことが予防には重要である．これはもちろん，「ストーキングされる側も悪い」という考えではまったくない．被害のリスクを確実に少なくすることが，予防の第一歩となる．

交際等を経て破局があり，ストーキング行為を受けるようになったときに，警察より身近なレベルでの相談機関があることは理想的であるが，いずれにせよ被害者が警察に相談に行く．ここまでは現状と同じである．

この時点で，被害者の希望により加害者に対して警告や書面注意等を行う際，現状ではあまりに被害者が無防備である．警察が四六時中警備することも現実的には難しく，被害者の身を守る術が，被害者自身の自衛以外にほぼないからである．加害者が警告などを受けると，相手が警察に訴え出たことを知り，怒りや憎しみを生じさせるリスクが高まる．この時点で被害者を守る態勢を整えておくことが必要である．

オーストラリアでは，被害者から訴えがあった段階で，警察庁，精神科医，臨床心理士らによって，共有された情報をもとに加害者のプロファイリングが行われ，どれほど危険性のある人物かが “Stalling Risk Profile (SRP)” というリスク評価ツールに基づいて判断される．危険性が高いと判断されれば，警告などに行く前に，対策を取ることができる．警告や書面注意を行う際は，このプロファイリング情報に基づいてプランが立てられる．危険度が高い場合は，警告を行った後に加害者がとりうる行動を推測し，それらの可能性を被害者や，被害者を支援している団体に伝える．つまり，被害者の身を完全に守れる状態にして警告に行くのである．

上記のように警告や書面注意は行うが，オーストラリアではこの段階で，警告等を受けるか，治療を受けるかを加害者が選択できる．つまり，警告等を受けて法的な制限を受けるか，治療を受けることによって警告等を見送られるか，を選べるのである．治療に関しても，ただ「受けます」というだけで見逃されるわけではもちろんなく，たとえば治療を2回休んだら罰則を受ける，起訴されるなり刑事システムに回されたりする．治療機関の一例をあげると，メルボルンの司法精神保健機関である“Victorian Institute of Forensic Mental Health (Forensicare)”では，ストーキング事案の加害者のアセスメントおよび治療を運営している．リスク評価の結果，切迫したリスクがある場合は警察に連絡しており，患者の同意がある場合には，治療の進捗状況やリスクについても情報を共有している．イギリスにおいても，同様にさまざまな機関や専門家が協力し，予防や治療のアプローチを試みている．

これらをすぐに現在の日本にそのままあてはめるのは難しい．予算の都合もあれば，ストーカーを治療可能な施設や専門家がほとんど存在しないことなどもある．しかし，現状の刑罰やその厳罰化だけでの対応ではストーカーによる凶悪事件を防ぐのが難しく，今後このような多面的な予防および治療的なアプローチを広げ，環境を整えていく必要がある．　［齋藤　慧］

文　　献

Abdou AM, Higashiguchi S, Horie K, Kim M, Hatta H, Yokogoshi H：Relaxation and immunity enhancement effects of γ-aminobutyric acid（GABA）administration in humans. *BioFactors* **26**(3)：201-208, 2006.

Abe N, Greene JD：Response to anticipated reward in the nucleus accumbens predicts behavior in independent test of honesty. *J Neurosci* **34**(32), 10564-10572, 2014.

Aharoni E, Vincent GM, Harenski CL, Calhoun VD, Sinnott-Armstrong W, Gazzaniga MS, Kiehl KA：Neuroprediction of future rearrest. *Proc Natl Acad Sci USA* **110**(15), 6223-6228, 2013.

赤澤正人，松本俊彦，立森久照，竹島　正：アルコール関連問題を抱えた人の自殺関連事象の実態と精神的健康への関連要因．精神神経学雑誌 **112**(8), 720-733, 2010.

甘利俊一監修，加藤忠史編：精神の脳科学（シリーズ脳科学6），東京大学出版会，2008.

American Psychiatric Association：Diagnostic and Statistical Manual of Mental Disorders, Fifth Edition：DSM-5. Washington, DC：American Psychiatric Association, 2013.（日本精神神経学会日本語版用語監修，高橋三郎，大野　裕監訳，染矢俊幸，神庭重信，尾崎紀夫，三村　將，村井俊哉訳：DSM-5 精神疾患の診断・統計マニュアル．医学書院，2014）

American Psychiatric Association, 高橋三郎，大野　裕監訳：DSM-5 精神疾患の分類と診断の

手引．医学書院，2014.
Angrilli A, Mauri A, Palomba D, Flor H, Birhaumer N, Sartori G et al：Startle reflex and emotion modulation impairment after a right amygdala lesion. *Brain* **119**, 1991-2000, 1996.
有田秀穂：共感する脳ー他人の気持ちが読めなくなった現代人．PHP 新書，2014.
Asberg M：Neurotransmitters and suicidal behavior：The evidence from cerebrospinal fluid studies. *Ann NY Acad Sci* No. 836(Dec. 29), 158-181, 1997.
Blair RJR：Neurobiological basis of psychopathy. *Br J Psychiatry* **182**(1), 5-7, 2003.
Bush G, Luu P, Posner MI：Cognitive and emotional influences in anterior cingulate cortex. *Trends Cogn Sci* **4**(6), 215-222, 2000.
Carter CS, Braver TS, Barch DM, Botvinick MM, Noll D, Cohen JD：Anterior cingulate cortex, error detection, and the online monitoring of performance. *Science* **280**, 747-749, 1998.
Damasio AR, Tranel D, Damasio HC：Somatic markers and the guidance of behavior：Theory and preliminary testing. In Frontal Lobe Function and Dysfunction (Levin HS, Eisenberg HM, Benton AL Eds), New York, NY：Oxford University Press, pp. 217-229, 1991.
Devinsky O, Morrell MJ, Vogt BA：Contributions of anterior cingulate cortex to behaviour. *Brain* **118**, 279-306, 1995.
Dutton DG, Aron AP：Some evidence for heightened sexual attraction under conditions of high axiety. *J Pers Soc Psychol* **30**, 510-517, 1974.
福井裕輝：ストーカー病ー歪んだ妄想の暴走は止まらない．光文社，2014.
福永篤志監修：図解雑学よくわかる脳のしくみ．ナツメ社，2006.
船橋新太郎：自己感情の制御と他者感情の認知の神経機構．京都大学こころの未来教育センタープロジェクト，No10-1-01, 2011.
Gershuny BS, Thayer JF：Relations among psychological trauma, dissociative phenomena, and trauma-related distress：A review and integration. *Clin Psychol Rev* **19**(5), 631-657, 1999.
羽原敬二：薬物乱用防止戦略の展開と国家危機管理政策．政策創造研究，創刊号，2008.
Hare RD, Quinn MJ：Psychopathy and autonomic conditioning. *J Abnorm Psychol* **77**, 223-235, 1971.
Hare RD：The Hare Psychopathy Checklist-Revised (PCL-R)：2nd edition. Toronto：Multi-Health Systems, 2003.
Harlow JM：Passage of an iron rod through the head. *Boston Medical and Surgical Journal* **39**, 389-393, 1848. (Republished in Neylan TC：Frontal lobe function：Mr. Phineas Gage's famous injury. *J Neuropsychiatry Clin Neurosci* **11**, 281-283, 1999；and in Macmillan, 2000)
Harlow JM：Recovery from the passage of an iron bar through the head. *Publications of the Massachusetts Medical Society* **2**, 327-347, 1868.
橋本理恵，斉藤利和：アルコール依存症と気分障害．精神経誌（特集 精神障害が併発するアルコール依存症の病態と治療）**112**(8)，2010.
Izard CE：The Psychology of Emotions. New York：Plenum Press, 1991. (C. E. イザード，荘厳舜哉監訳，比較発達研究会訳：感情心理学．ナカニシヤ出版，1996)
警察庁：平成 29 年におけるストーカー事案及び配偶者からの暴力事案等への対応状況について．警察庁，2018.
Kennedy DP, Gläscher J, Tyszka M, Adolphs R：Personal space regulation by the human amygdala. *Nat Neurosci* **12**(10)：1226-1227, 2009.

Kiehl KA, Liddle PF, Hopfinger JB：Error processing and the rostral anterior cingulate：an event-related fMRI study. *Psychophysiology* **37**(2), 216-223, 2000.

北芝　健著，澤田彰史監修：「脳」が人を犯罪者に変える―「犯罪脳」をつくる「食」と「生活」. 日本文芸社，2011.

Klüver H, Bucy PC：Preliminary analysis of functions of the temporal lobes in monkeys. *Arch Neurol Psychiatr* **42**, 979-1000, 1939.

Lazarus RS：Emotion and Adaptation. New York：Oxford University Press, 1991.

LeDoux JE：Evolution of human emotion A view through fear. *Prog Brain Res* **195**, 431-442, 2012.

Lewis M：The Emergence of Human Emotion. In Handbook of Emotions, Second Edition (Lewis M, Haviland-Jones JM Eds), New York：Guilford Press, pp265-280, 2000.

Lochner C, du Toit PL, Zungu-Dirwayi N, Marais A, van Kradenburg J, Seedat S, Niehaus DJ, Stein DJ：Childhood trauma in obsessive-compulsive disorder, trichotillomania, and controls. *Depress Anxiety* **15**(2), 66-68, 2002.

Manzo G, De Gennaro A, Cozzolino A, Serino A, Fenza G, Manto A：MR imaging finfing in alcoholic and nonalcoholic acute Wernicke's encephalopathy：a review. *Biomed Res Int*, Volume 2014, Article ID503596, p12.

Marshall WL, Marshall LE, Serran GA, Fernandez YM：Treating Sexual Offenders：An Integrated Approach. New York：Routledge, 2006.

Matsumoto D：Are cultural differences in emotion regulation mediated by personality traits? *J Cross-Cult Psychol* **37**(4), 421-437, 2006.

三國雅彦：ストレスがどうしてうつ病を起こすのか―うつ病の発症脆弱性の病態生理. 第8回若手研究者のための生命科学セミナー 8, 53-56, 2005.

宮内誠カルロス：加害行為の脳内表象：fMRI 研究. 東北大学博士論文，医博第3143号，2013.

Moffitt TE, Brammer GL, Caspi A, Fawcett JP, Raleigh M, Yuwiller A, Silva P：Whole blood serotonin relates to violence inn an epidemiological study. *Biol Psychiatry* **43**, 446-457, 1998.

Mullen PE, Pathe M, Purcell R：Stalking and Ther Victims. Cambridge University Press, 2000.（P. E. ミューレン，M. パテ，R. パーセル，詫摩武俊監訳，安岡　真訳：ストーカーの心理―治療と問題の解決に向けて．サイエンス社，2003）

村井俊哉：人の気持ちがわかる脳―利己性・利他性の脳科学．ちくま新書，2009.

大東祥孝：島皮質と主観的体験．*Crin Neurosci* **28**(4), 380-382, 2010.

大河原美以：教育臨床の課題と脳科学研究の接点（2）；感情制御の発達と母子の愛着システム不全（fulltext）．東京学芸大学紀要総合教育科学系，**62**(1), 215-229, 2011.

尾仲達史：ストレス反応とその脳内機構．日薬理誌 **126**(3), 170-173, 2005.

小野武年：生物学的意味の価値評価と認知．岩波講座 認知科学 6. 情動（伊藤正男，安西祐一郎，川人光男，市川伸一，中島秀之，橋田浩一編），岩波書店，pp. 71-108, 1994a.

小野武年：情動行動の表出．岩波講座 認知科学 6. 情動（伊藤正男，安西祐一郎，川人光男，市川伸一，中島秀之，橋田浩一編），岩波書店，pp. 109-142, 1994b.

小野武年：脳と情動―ニューロンから行動まで．朝倉書店，2012.

小野武年：情動と記憶―しくみとはたらき．中山書店，2014.

Ortony A, Clore GL, Collins A：The Cognitive Structure of Emotions. Cambridge University Press, 1988.

小澤一史：ストレス，摂食，性の制御機構に関する中枢神経ネットワーク．日医大医会誌 **4**(1),

2008.
Raine A, Buchsbaum M, LaCasse L：Brain abonormalities in murderers indicated by positron emission tomography. *Biol Psychiatry* **42**(6), 495–508, 1997.
佐藤かな子，野中良一：薬物乱用防止を目的とした向精神薬の *In vitro* スクリーニング法. *Yakugaku Zasshi* **128**(12), 1771–1782, 2008.
佐藤かな子，福森信隆，野中良一，不破　達，田中豊人：違法ドラッグ生体影響試験の開発. 東京健康安全研究センター研究年報 No. 60, 21–35, 2009.
佐藤　弥：扁桃体損傷による情動表情の認識障害. 感情心理学研究，**9**(1), 40–49, 2002.
Schachter S, Singer JE：Cognitive, social, and physiological determinants of emotional states. *Psychol Rev* **69**, 379–399, 1962.
Scoville WB, Milner B：Loss of recent memory after bilateral hippocampal lesions. *J Neurol Neurosurg Psychiatry* **20**(1), 11–21, 1957.
曽田成則：薬物汚染から学生を守るために. 特集 薬物乱用防止. 大学と学生，2009 年 2 月号.
田島　治：OCSD（obsessive-compulsive spectrum disorders）の臨床的意義と SSRI. 精神経誌 **109**(2), 158–161, 2007.
高橋英彦：妬みや他人の不幸を喜ぶ感情に関する脳内のメカニズムが明らかに. 科学技術振興機構・放射線医学総合研究所共同発表，2009.
高橋　省，森　謙一郎，大橋則雄，長嶋真知子，中嶋順一，高橋美佐子，鈴木　仁，瀬戸隆子，荒金眞佐子，吉澤政夫，蓑輪佳子，門井秀郎，守安貴子，岸本清子，荻野周三，野中良一，福森信隆，中川好男，田山邦昭：違法ドラッグによる危害の未然防止に関する研究. 東京都健康安全研究センター研究年報 No. 61, 49–59, 2010.
Taylor SE：Why older adults become fraud victims more often. *PNAS*, 2012. http://jp.sciencenewsline.com/articles/2012120321000033.html
渡邊正孝：前頭連合野の認知機能と動機付け機能. 認知リハビリテーション，1–11, 2005.
山田真希子：PET による“優越の錯覚”の脳の仕組み. *Isotope News* No. 712(2013 年 8 月号).
山脇成人：うつ病の脳科学的研究：最近の話題. 第 129 回日本医学会シンポジウム，2005.
Zola-Morgan S, Squire LR, Amaral DG：Lesions of the amygdala that spare adjacent cortical regions do not impair memory or exacerbate the impairment following lesions of the hippocampal formation. *J Neurosci* **9**, 1922–1936, 1989a.
Zola-Morgan S, Squire LR, Amaral DG：Lesions of perirhinal and parahippocampal cortex that spare the amygdala and hippocampal formation produce severe memory impairment. *J Neurosci* **9**, 4355–4370, 1989b.

3 共感の障害と犯罪

3.1 共感とは何か，冷酷さとは何か

社会的動物（social animal）とよばれる私たちは，ひとりでは決して生きていくことができない．そのため，家族や恋人，友人といった身近で親密な他者から見ず知らずの人物に至るまで，さまざまな他者と社会を構築し，そのなかで互いにかかわり合いながら集団生活を営んでいる．そして，私たちは他者とのかかわりあいを通じて，知識の獲得，ストレスの解消および緩和，アイデンティティの確立など，生存のために不可欠な多くのことを習得している．私たちが，他者とのかかわり合いを適切に構築し，永続的に維持していくために必要な要因の一つとして，他者への共感（empathy）がある．かりに，ある人物に対して（たとえその人物が身近で親密な存在であったとしても），自分の思ったことを思ったまま言い，自分のやりたいことだけをやっていれば，両者の関係はぎくしゃくしたものになるだろう．その結果，その人との良好な関係はいずれ崩壊するかもしれない．それに対して，お互いが相手を思いやることで，良好な関係は維持されるだろう．登張（2003）は，共感を「人と人とが互いに助けあい，支えあい，理解しあって気持ちよく社会生活を送るのに役立つ重要な特性」であると指摘している．したがって，共感は，私たちの社会において他者と適切な対人関係を構築，維持していくためのきわめて重要な特性であると考えられる．それでは，共感は，これまでどのように，またどのようなものとしてとらえられてきたのだろうか．

共感の概念は，20 世紀の初頭にドイツ人哲学者の Lipps（1903；1907）によって説明されたことが始まりとされている（澤田，1992）．彼は，芸術に心を揺り動かされるプロセスを“Einfühlung（感情移入）”という言葉で説明した．そして，イギリスの心理学者で，当時アメリカのコーネル大学で教鞭を執っていた Titchener（1909）がその言葉を“empathy”と英訳した．その後も，哲学，文

化人類学，宗教学，心理学といったさまざまな分野の研究者により共感の定義づけがなされてきた．心理学の分野では，共感とは「他者の感情体験に対する感情的反応性の程度」であると定義されている（Davis, 1999）．すなわち，他者の感情や経験に対して，それをあたかも自分自身のことのようにとらえ，他者の心情や状況に応じた感情の喚起を促す傾向のことである．たとえば，喜んでいる友人を見た際に，自分も嬉しい気持ちになり，友人に対して「よかった」，「おめでとう」というポジティブな感情の喚起は共感によってもたらされる．さらに，共感には，このような他者のポジティブな感情に対する反応だけではなく，ネガティブな感情に対しての感情的な反応も含まれる．たとえば，悲しんで涙を流している友人を見た際に，自身も悲しい気持ちになり，友人に対して「かわいそうだ」，「心配だ」という気持ちが強く喚起されることで，自身も涙を流す，いわゆる「もらい泣き」という現象も共感によって生起する．このほかにも，他者の苦痛体験に遭遇した際に，自分自身も苦痛を感じ，不安になることや，小説や映画の登場人物に対して感情移入するといった反応も共感によってもたらされると考えられている（登張，2003）．

共感の研究は，20 世紀後半のミラーニューロン（mirror neuron）の発見をきっかけに，その生起メカニズムの解明に注目が集まった．ミラーニューロン（神経細胞）とは，自身が運動をしているときと他者の運動を見ているときの両方に応答活動するニューロンのことで，イタリアの Rizzolatti et al.（1996）によって明らかにされた．彼らはサルの運動前野ニューロンの活動を計測していたところ，実験者の動きを見ているときに活動が増加するニューロンがあることを発見した．また，その領域のニューロンは実際にサルが運動したときも活動の増加を示すことから，他者の動きをあたかも自分自身が運動しているかのようにとらえる脳領域の存在することも明らかとなり，これらの脳領域をミラーニューロンと命名した．ミラーニューロンの働きは共感の概念と類似しているため，近年では両者を関連づけた研究が盛んに行われている．

共感は複数の構成要素から成立している多次元的な概念である．Davis（1994）は，個人のうちにある特性的な共感が，観察対象者に対する共感の喚起，そして対象者への思いやり行動へと動機づけられる一連の心理プロセスを包括的にとらえることのできる「共感の組織的モデル」を提唱した．「共感の組織的モデル」は，「先行条件」，「過程」，「個人内的結果」，「対人的結果」の四つの要因から構成され

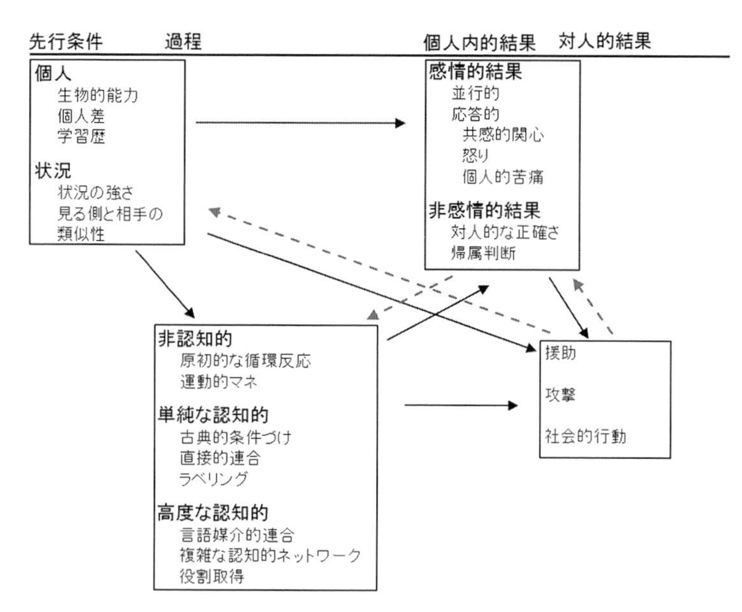

図 3.1 共感の組織的モデル（Davis，1994，菊池訳，p. 256）

ている（図 3.1）.「先行条件」には，観察する者の個人差要因，学習経験，観察者と対象者との類似性，状況がもつインパクトの強さなどが含まれる.「過程」は，共感反応が結果として生じるに至るまでの途中経過を表し，観察者が対象者を無意識的に模倣する「運動的マネ」や他者の感情的手がかりや状況の手がかりが観察者に過去の類似場面を思い起こさせ，そのときと同じ感情を引き起こす「直接的連合」，相手と同じ視線になることで他者の心情を理解しようとする「役割取得」などが含まれる．その後，第 3 段階である「個人内的結果」へと移行する.「個人内的結果」は，第 2 段階で生じたさまざまな過程を通じて，観察者自身のなかに生じる感情的または非感情的な反応を指す．そして，第 4 段階の「対人的結果」では，援助や社会的行動といった観察者が対象者に行うさまざまな行動反応を含んでいる.

Davis（1994）は，この「共感の組織的モデル」をもとにして，共感を四つの次元からとらえようとする対人的反応指標（interpersonal reactivity index：IRI）を作成し，共感の多次元的な要素を包括的にとらえようと試みた（図 3.2).四つの次元は，「共感的関心」（empathic concern：他者の不運な感情体験に対して，かわいそう，心配するなど他者に向かう感情的反応が起こる傾向)，「個人的

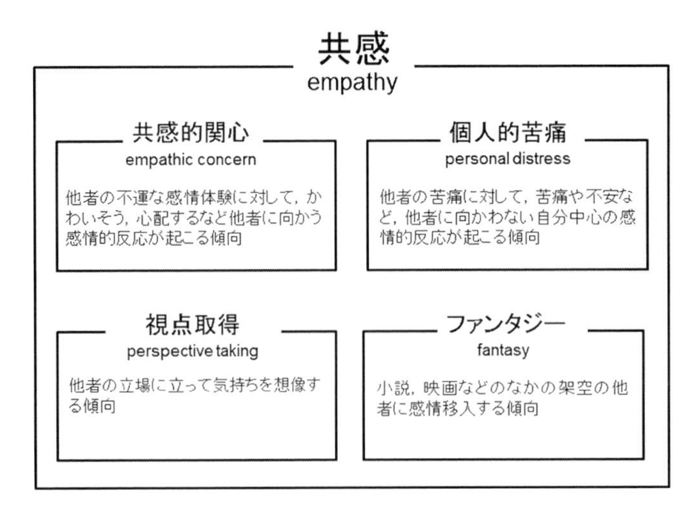

図 3.2　共感の四つの側面

苦痛」(personal distress：他者の苦痛に対して，苦痛や不安など，他者に向かわない自分中心の感情的反応が起こる傾向)，「視点取得」(perspective taking：他者の立場に立って気持ちを想像する傾向)，「ファンタジー」(fantasy：小説，映画などの架空の他者に感情移入する傾向) とそれぞれ命名した．

共感を多次元的な要素としてとらえようとする尺度は，IRI のほかにも存在する．たとえば，感情的暖かさ，感情的冷淡さ，感情的被影響の三つの側面から共感を測定する情動的共感尺度 (Mehrabian and Epstein, 1972) や出口・斉藤 (1991) および澤田・齋藤 (1995) によって作成された多次元的共感尺度がある．そして，登張 (2003) は，これら既存の共感尺度をもとに，新たな項目を追加して，「共感的関心」，「個人的苦痛」，「視点取得」，「ファンタジー」の四つの次元から共感を測定する新しい尺度を作成した．ところで，共感はいつ頃から備わり，どのように発達していくのだろうか．共感の発達について以下に概説する．

幼児期の共感の発達に関しては，加齢とともに共感能力が増すことが指摘されている．渡辺・瀧口 (1986) は，幼稚園の年少児，年中児，年長児を対象に共感能力を比較した．彼女らは「喜び」，「悲しみ」，「怒り」，「驚き」の表情が書かれたカードを呈示し，それら四つの感情に関係する場面 (たとえば，「喜び」に関係する場面では，両親が誕生日にプレゼントを買ってきてくれた場面，「悲しみ」の場面では，近所に住んでいた仲のよかった友人が遠くへ引っ越してしまう場面など）を幼児に読み聞かせ，場面に当てはまる表情を選択させた．そして，読み聞かせた場面と一致した表情を選んだときには2点，一致していなくても共感が働いている可能性があると判断されたとき（上述のプレゼントの場面で「驚き」の表情を選択したときなど）には1点，それ以外の場合には0点として共感の得点を算出した．実験の結果，共感の得点は年長児がもっとも高く，ついで年中児であり，年少児がもっとも低かった．また，年中児では女児のほうが男児よりも共感得点が高かったが，年長児では男児のほうが女児よりも高かった．さらに，自己報告式の情動的共感尺度を用いて母親の共感を測定し，母親の共感と幼児の共感との関連を検討したところ，共感の高い母親をもつ幼児の共感は，共感の低い母親をもつ幼児の共感より高いことが見出された．すなわち，他者に共感しやすい母親のもとで育った幼児は，母親と類似した共感の高い子に育つ可能性が示唆された．

ついで，浅川ら（1998）は，幼児の共感と向社会的行動との関係を検討した．彼らは幼稚園の年中児，年長児の111人を対象として，渡辺・瀧口（1986）の研究で使用された課題と同様の課題を用いて，幼児の共感を測定した．また，自分が遊んでいたおもちゃを他の人に貸すかどうか，実験者からもらったシールを，まだもらってない友人にあげるかどうか，実験者が落としたボールペンを拾うかなど，他者への分配行動および援助行動を測定することで向社会的行動の程度を測定した．まず，年中児の共感得点と年長児の共感得点の程度を比較したところ，年中児と比較して，年長児の共感得点のほうが高いことが示された．一方で，共感と向社会的行動との関連を確認したところ，両者の間には直接的な関連は確認されなかった．

さらに，田中・岩立（2006）は，母親からの言葉がけが幼児の共感に及ぼす影響を検討した．彼女らは渡辺・瀧口（1986）と同様の課題を用いて，幼稚園の年少児と年中児の共感を測定した．分析の結果，3歳児は「喜び」の共感得点が他の感情の共感得点よりも高かったが，4歳児ではいずれの感情の共感得点も高くなる傾向が認められた．そして，母親からの言葉がけの多い幼児は，少ない幼児に比べて，「恐れ」や「悲しみ」といったネガティブな感情に対する共感の得点が高くなることが見出された．一方で，母親からの言葉がけはポジティブな感情に対する共感得点には影響を及ぼさなかった．さらに，石川・内山（2006）は，5歳児100人を対象にして，共感と罪悪感喚起との関連を検討した．共感の測定には渡辺・瀧口（1986）が用いた課題を使用した．罪悪感喚起は，対人場面と規則場面を設けて，それぞれの場面において「どのくらい謝りたい気持ちになるか」を尋ねることで測定した．対人場面では，お父さんの花瓶を割ってしまった場面や友達とけんかした場面といった，他者との間でトラブルが生じた場面を設定した．規則場面では，赤信号を渡る場面や幼稚園の廊下を走る場面といった，規則やきまりを破った場面が設定された．実験の結果，共感の高い幼児ほど，対人場面における罪悪感の喚起が高いという結果が得られた．また，共感得点の程度により幼児を共感高群，共感低群に分割し，対人場面での罪悪感喚起の程度を比較したところ，共感の高い幼児のほうが，低い幼児に比べて，対人場面での罪悪感喚起の程度が高いことが示唆された．それに対して，規則場面における罪悪感喚起については共感の影響は確認されなかった．これらの結果は，5歳児の共感は罪悪感喚起と関連するが，それらは罪悪感が喚起する場面によって異なることを表している．

児童期の共感に関する研究では(辰巳ら, 2001), 小学4年生から6年生を対象に，物語に出てくる架空の人物に対する共感反応の程度が比較されている．この研究では，共感反応の程度は小学5年生でもっとも高く，ついで小学6年生であり，小学4年生の共感反応がもっとも低いということが認められた．小学校高学年において，それまで一貫して高くなってきた共感の程度が一度低くなることは，他の研究でも同様に確認されている（浅川・松岡，1987；Feshbach and Feshbach, 1968）．小学6年生の参加者よりも小学5年生の参加者のほうが共感反応の程度が高かった理由として，浅川・松岡（1987）は「ウチ–ソト規範」の観点から説明を試みている．「ウチ–ソト規範」とは，幼いときにはいかなる他者に対しても等しく共感が喚起されるが，年齢が上昇するとともに，親しい友人などの「ウチ」に対しては共感が喚起される一方，自身にかかわりのないものを「ソト」とみなし，それらに対しては共感が生じなくなるというものである．このように，児童期の前半ではどのような他者に対しても均一に共感が喚起されるが，児童期後半になると，自身とのかかわりあいの程度に応じて共感の喚起の程度が変化することが示唆されている．共感は，年齢に応じて程度や役割が変化するとも指摘されている（Hoffman, 2000）．たとえば，児童期から青年期にかけて共感の質的変化に関する研究では，幼稚園から小学校低学年にかけては対人，対物の共感の強さに差は認められないが，小学校高学年から中学校にかけて対人の共感のほうが対

表 3.1 青年期の共感の発達過程

	男子	女子
共感的関心	学校段階が上がるにつれて高くなる	学校段階が上がるにつれて低くなる
個人的苦痛	中学生よりも高校生のほうが高い．大学生・大学院生になると，高校生に比べて低くなる	学校段階が上がるにつれて徐々に高くなる
視点取得	成長とともに段々と高くなる	高校生で一度減少するが，大学生・大学院生になると再び高くなる
ファンタジー	学校段階が上がるにつれて徐々に高くなる	高校生で一度減少するが，大学生・大学院生になると再び高くなる

いずれの共感の側面においても，男性よりも女性のほうが高い

物の共感よりも高くなることが明らかとなっている（杉山，1990）．

青年期の共感の発達については，登張（2003）により検討されている．彼女は青年期用の多次元共感尺度を用いて，中学生，高校生，大学生の共感の発達を調べた（表 3.1）．

まず，「共感的関心」については，男子は中学，高校，大学の順で高くなるのに対して，女子では加齢にともなって徐々に減少していた．学校段階と性別との関連を確認したところ，すべての段階において男子よりも女子のほうが「共感的関心」の程度は高かった．「個人的苦痛」に関しては，男子は中学生よりも高校生で高く，大学生・大学院生になると高校生よりも低くなっていた．一方，女子の場合では，学校段階が上がるにつれて徐々に高くなっていた．また，ほとんどすべての学年において，男性より女性のほうが「個人的苦痛」の程度は高かった．「視点取得」では，男子は加齢にともない高くなっていた．女子では，高校生で一度下がるが，大学生・大学院生で再び高くなることが示された．性別の比較をしたところ，女性のほうが高いが，大学生の段階では性別による差は認められなかった．最後に，「ファンタジー」について，男子は学校段階が上がるにつれて高くなることが示唆された．一方で，女子の場合は，高校生で一度下がり，大学生になって再び高くなることが確認された．また，いずれの学校段階においても女性のほうが男性よりも「ファンタジー」の程度は高かったが，高校生では男女の差はほとんど見られなかった．このほかにも，加藤・高木（1980）は，青年期における共感の情動的側面の発達について検討している．その結果，男女ともに

中学，高校，大学と学年が上がるにつれて，共感の情動的側面の一つである感情的被影響性（まわりの人から感情的にどの程度影響されやすいかの程度）の水準が高くなることが見出された．また，男子よりも女子のほうが情動的な共感の程度が高いことも明らかとなった．そして，出口・斉藤（1991）の研究では，中学から大学にかけて認知的な共感が高くなることが示唆されている．以上の研究をまとめると，①青年期の共感は加齢にともなって発達すること，②性別で比較を行った際には，女性のほうが男性よりも共感が高いこと，③男女で共感の発達が異なることが明らかになっている．

青年期以降の共感の発達に関しては，O'Brien et al.（2013）が検討している．彼らは，18 歳から 90 歳までの 75000 人以上のアメリカ人を対象に IRI を実施し，年齢と共感との関連を報告している．IRI のうち「共感的関心」得点と「視点取得」得点を年代別で比較し，男女ともに加齢にともなって得点が徐々に高くなり，50 代から 60 代をピークとしてだんだん減少していくという逆 U 字の曲線を描くことが見出された．さらに，いずれの得点も男性よりも女性において高いことも示された．これらの知見は，青年期以降も共感性は発達し，壮年期を過ぎたあたりから徐々に低下していくことを示唆している．

さらに，共感は，教育的プログラムによって育成できることが風岡・川守田（2005）によって指摘されている．彼女らは，IRI を用いて看護学生の共感について学年別比較を実施した．その結果，高学年の看護学生のほうが，低学年の看護学生に比べて，「共感的関心」得点ならびに「視点取得」得点が有意に高いことが明らかとなった．

次に，共感と私たちの行動ならびに意思決定との関連についての知見を紹介する．登張（2000）は，IRI に含まれる共感の四つの各側面と私たちの行動ならびに意思決定との関連についての研究をまとめている．それによると，「共感的関心」と「視点取得」は，援助行動などの向社会的行動との間に正の相関があり，それらの共感の側面が愛他的行動の動機づけとなっていることを明らかにしている．一方，「個人的苦痛」をおもに感じる人は，他者の苦痛に接した際に，そこから逃避しにくい条件では援助行動を示すが，逃避しやすい条件では援助することが少ないことから，「個人的苦痛」は援助行動に対して利己的な動機を生むと結論づけられている（登張，2000）．また，「視点取得」は攻撃行動との間に負の相関があることが見出されており，「視点取得」は攻撃行動の抑制に関与する共感性

表 3.2　共感と他者への感受性，向社会的行動および攻撃性との関連（登張，2000，Table 1，一部改変）

他の特性	共感的関心	個人的苦痛	視点取得	ファンタジー
他者への感受性	＋	ns	＋	＋
向社会的行動	＋	－	＋a	ns
攻撃性	ns		－	

＋：正の有意な相関　－：負の有意な相関　ns：有意な関連なし
a：視点取得教示を与えられた場合　空欄はデータがないことを示す．

の側面であることが示唆されている．そして，「共感的関心」，「視点取得」および「ファンタジー」の傾向の高い人ほど，他者に対する非利己的な関心がより強いことも示されている（表 3.2）．以上より，共感のそれぞれの側面は利他的な行動，特性と密接に結びついているが，それらの関連は共感性の側面によって異なることが示唆されている．

本章では，共感性に関してこれまで得られている知見をまとめ，多角的な視点から共感をとらえる．そのため，最初に共感の喚起にかかわる生理的なメカニズムについて説明する．具体的には，表情模倣，感情伝染，痛みへの共感という三つの側面における生理的反応についての知見を紹介する．ついで，共感の発達プロセスにおいて重要な役割を担う，養育者からの情動的応答性と共感の発達との関連について述べる．その後，共感の情動面と認知面の二つの側面の特徴について説明する．

これまで繰り返し述べてきたように，共感は良好な対人関係の構築，維持にきわめて重要な特性である．しかし，だれもがつねに他者に対して共感し，相手を思いやり，利他的なふるまいを行うわけではない．他者に対してほとんど共感せず，相手を思いやることもせず，きわめて冷酷で利己的な人たちもいる．そのような人たちは，他者との間に適切な対人関係が築けないため，他者との集団生活に困難を示し，時として犯罪のような他者を傷つける行為を行いやすいとされる．そこで本章の後半では，共感障害とそれによって引き起こされるさまざまな問題との関連について述べる．最初に，共感の情動的側面，認知的側面の障害と犯罪などの反社会的行為との関連についてこれまで明らかになっている知見を概説する．次に，乳幼児期から青年期にかけておもに養育者との間で形成される愛着に着目し，愛着と共感との関連を説明する．さらに，安定した愛着が形成されないことによって引き起こされる不安定な愛着スタイルならびに愛着障害と，それらによって生じる共感障害との関連について述べる．そして，犯罪などの反社会的行為と密接に関連するパーソナリティ特性として近年注目が集まっているサイコパシーに着目し，高サイコパシー傾向者が示す共感障害について説明する．最後に，無差別犯罪と共感障害との関連についての知見を紹介し，共感障害と犯罪との関連について考察する．

3.2　共感を担うシステム

本節では，共感を担うシステムとして，共感喚起にかかわる生理的メカニズムについて述べる．共感の生理的メカニズムについては，①表情模倣（mimicry）：他者の表情と同じ表情を示す程度の測定，②感情伝染（contagion of the emotion）：対象の心情をくみとり，自分自身におきかえる，③他者の痛みへの共感（empathy for pain）の三つの側面から研究が行われてきた．他者の痛みへの共感に関する研究では，自身が痛みを受けているときの生理的反応と，他者が痛みを受けている場面を見ているときの生理的反応の比較や，他者が苦痛を受けている場面を見ているときの生理的活動の変化を測定する．

最初に表情模倣における生理的メカニズムについて説明する．表情模倣の生理的メカニズムについては，これまで表情筋（facial muscle）の活動が注目されてきた．とりわけ，鼻根から両側の眉の付け根にかけて付着している皺眉筋(しゅうびきん)（corrugator supercilii）と，頬骨から左右の口角の皮膚に付着している大頬骨筋(だいきょうこつきん)（zygomaticus major）の活動が表情模倣に深くかかわる表情筋とされている

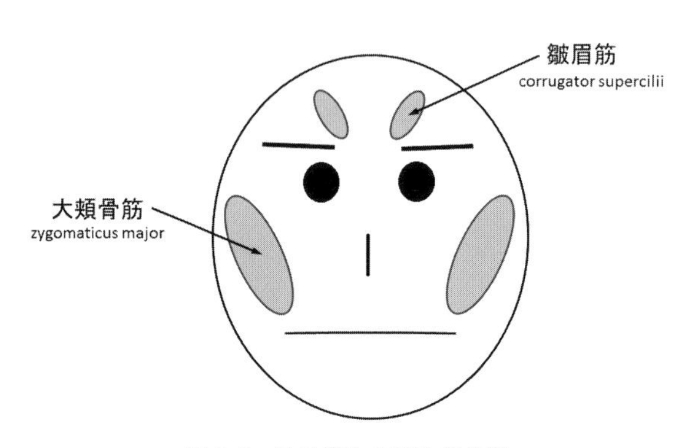

図 3.3　皺眉筋および大頬骨筋

(Neumann and Westbury, 2011)（図 3.3）．皺眉筋は，嫌悪的な刺激を見た際により大きく活動し，大頬骨筋は快刺激を見た際により活動する．表情模倣とこれら二つの表情筋との関連については，他者の怒り表情を見た際には皺眉筋の活動が大きくなり，笑顔や喜び顔を見た際には大頬骨筋の活動がより活性化することが報告されている（Fujiwara et al., 2010）．また，Brown et al.（2006）は，アフリカ系アメリカ人とヨーロッパ系アメリカ人を対象に，人種の違いが表情模倣に及ぼす影響を検討した．彼女らの研究では，実験参加者に同じ人種，または異なる人種の人物が喜んでいる，もしくは苦しんでいる静止画を見せた．そして，画像を見ているときの皺眉筋と大頬骨筋の活動を計測した．その結果，アフリカ系アメリカ人の参加者は，同人種の人物が苦しんでいる画像を見た際に，異なる人種の人物が苦しんでいる画像を見ているときよりも皺眉筋の活動が大きかった．また，大頬骨筋の活動に関しては，参加者の人種にかかわらず，アフリカ系アメリカ人が喜んでいる画像を見たときに最も大きく反応した．これらの結果より，われわれは，自身と異なる人種よりも同じ人種の人物に対して（とりわけ同人種の苦しみ顔に対して）表情模倣をより示すことが明らかとなった．

次に，感情伝染にかかわる生理的メカニズム（神経機構）について概説する．感情伝染にかかわる生理的基盤を解明するために，機能的磁気共鳴画像（functional magnetic resonance imaging：fMRI）や陽電子放射断層法（positron emission tomography：PET）を用いた脳内神経細胞の活動に注目した研究が行われてきた．fMRI や PET では，脳内の血流量の変化や神経伝達物質の受容体の機能を非侵襲的に測定し，脳画像解析法により脳の神経活動の変化を調べることができる．これらの方法を用いて感情伝染においてきわめて重要な神経ネットワークの一つである，運動前野におけるミラーニューロンの存在部位が明らかとなった．ミラーニューロンとは，他者の動きを見ているときと自身が動いているときに共通して活動の増加を示す神経細胞のことである．ニューロンレベルの研究では，上述した運動前野のほかに，下前頭回（inferior frontal gyrus）と上頭頂葉（superior temporal lobule）とよばれる脳領域ニューロンが，実際に行動したときと他者の行動を見たときの両方で活動したことから，これらの脳領域にもミラーニューロンの存在を指摘している（Iacoboni et al., 1999）．このほかにも，fMRI を用いた諸研究によって前頭葉の内側，外側および背側部，上側頭溝，補足運動野，島および縁上回，扁桃体などの領域も，感情伝染にかかわる脳領域の

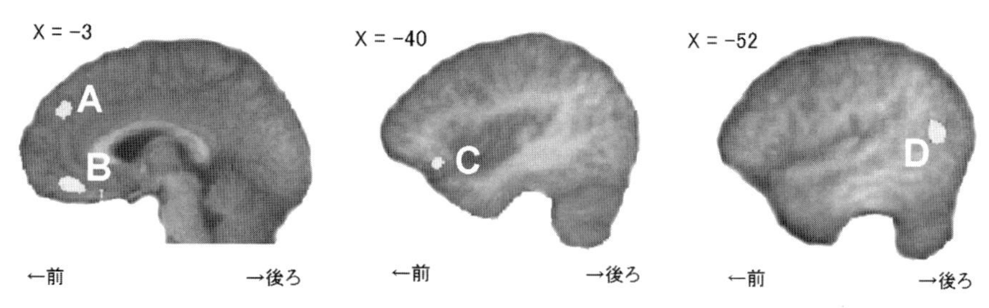

図 3.4　感情伝染に関連する脳領域（Krämer et al., 2010, Figure 2, 一部改変）
A：前頭前野内側部（medial prefrontal cortex），B：腹内側前頭前皮質（ventromedial prefrontal cortex），C：腹外側前頭前皮質（ventrolateral prefrontal cortex），D：上側頭溝（sperior temporal sulcus）.

存在が報告されている（Carr et al., 2003；Krämer et al., 2010）（図 3.4）.

最後に，他者の痛みへの共感にかかわる生理的システムについて，今日まで得られている知見をまとめる．他者の痛みへの共感にかかわる生理的反応の測定には，これまで大きく分けて 2 種類の方法が用いられてきた．最初の方法は，参加者自身に電気ショックを与えた場合の生理的活動の変化と，他者が電気ショックを受けている場面を見たときの生理的活動の変化とを比較する自己と他者への電気ショック法である（cue-based）．もう一つの方法は，実験参加者に他者が苦痛を受けている場面の写真（たとえば，ドアに指を挟んでいる，足をドアにぶつけている，など）を見せ，そのときの生理的反応の変化を測定する嫌悪写真呈示法である（picture-based）.

自己と他者への電気ショック法を用いた研究には，Singer et al.（2004）が行った実験がある．実験では，16 組のカップルを対象に，自分が電気ショックを受けている場面を見たときと，恋人が電気ショックを受けている場面を見たときの脳活動の変化を fMRI で計測した．実験参加者は右手に電極をつけて fMRI 装置のなかに入り，恋人は右手に電極をつけて fMRI 装置の外に座った．実験が始まると，電極から痛みを感じない程度の電気ショックと痛みを感じる電気ショックのいずれかを参加者もしくは恋人の右手に与え，参加者はその様子を fMRI のモニターから観察した．また，電気ショックが与えられる前には，電気ショックが痛みを感じる強さか痛みを感じない程度のものか，ならびに参加者と恋人どちらの手に与えるかをモニターに呈示した．実験の結果，参加者自身に電気ショックが与えられたとき，前部帯状皮質（anterior cingulate cortex），両側の前部島皮

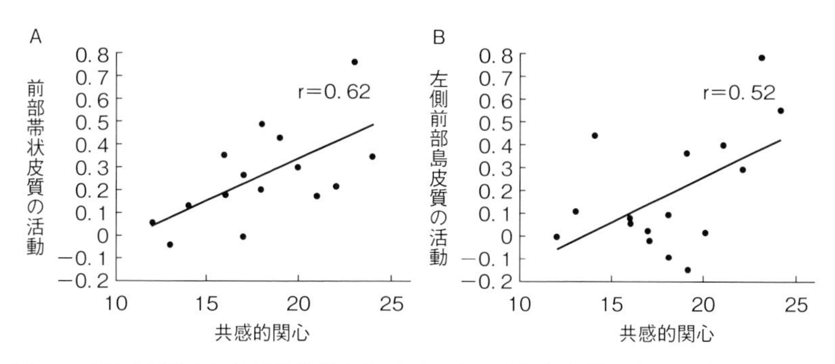

図 3.5　「共感的関心」と前部帯状皮質（A），左側前部島皮質（B）との相関（Singer et al., 2004, Figure 2，一部改変）

質（anterior insula cortex），第一体性感覚野，第二体性感覚野，小脳，右側の視床腹側部などの痛みの処理にかかわる脳領域の活動が増大した．さらに，前部帯状皮質，前部島皮質，小脳の活動は，恋人が電気ショックを受けている場面を見た際にも同様に増大した（図 3.5A）．さらに，前部帯状皮質および前部島皮質の左側部の活動は自己評価式の共感尺度と正の相関があることも見出された（図 3.5B）．

嫌悪写真呈示の方法を用いた研究の一つに，Jackson et al.（2005）の研究がある．彼らは，他者がドアに手を挟んでいる場面や車のドアに足を挟んでいる場面の写真を実験参加者に呈示し，参加者がその場面を見ている際の脳血流量の変化を fMRI で測定した．その結果，他者が苦痛を受けている場面を見ているとき，前部帯状皮質，両側前部島皮質，小脳，視床の前部といった脳領域の活動が増大した．これらの研究で明らかにされた他者の痛みへの共感にかかわる脳領域は，自身が痛みを感じた際に活性化する脳領域と一部オーバーラップしており，他者の痛みへの共感と自身の痛みの処理は共通する脳領域によって行われていると考えられる．

さらに，Lamm et al.（2011）は，他者の痛みへの共感の生理的基盤について検討した 32 本の fMRI 研究についてメタ分析を行ったところ，それらの研究で共通して報告されている脳領域は，前部帯状皮質，両側前部島皮質，前部中帯状皮質（anterior mid-cingulate cortex）であったと述べている（図 3.6）．また，彼らは他者の痛みへの共感を測定する課題のうち，自己と他者への電気ショック法の課題は，嫌悪写真呈示法の課題に比べて，自己や他者の心的状態を描写した

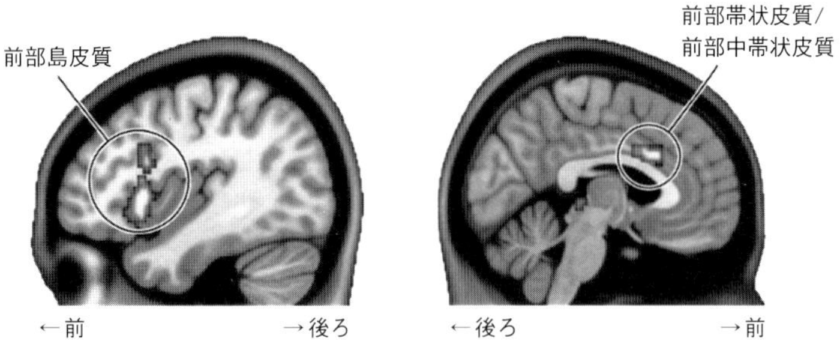

図 3.6　メタ分析によって明らかにされた他者の痛みに対する共感に関連する脳領域（Bernhardt and Singer, 2012, Figure 1，一部改変）

り推論したりすることにかかわる脳領域の活動が増大したのに対し，嫌悪写真呈示法の課題は，自己と他者への電気ショック法の課題と比較して，基礎的な動きの理解にかかわる脳領域の活動が増大したことを報告している．近年，他者の痛みへの共感にかかわる脳領域の活動は，外的な刺激の影響を受け，変化することが示唆されている．たとえば，暴力的映像の視聴が他者の痛みへの共感にかかわる生理学的反応に及ぼす影響に関する研究では，暴力的な映像を視聴した後では，非暴力的な映像を見た後と比較して，他者が苦痛を受けている場面を見ているときの前部帯状皮質および両側前部島皮質の賦活が小さくなることが明らかにされている（Guo et al., 2013）.

本節では，共感喚起にかかわる生理学的メカニズムについて，表情模倣，感情伝染，他者の痛みに対する共感についての知見を紹介した．まず，表情模倣を担う皺眉筋や大頬骨筋といった表情筋に関する知見を説明し，ついで，感情伝染や他者の痛みへの共感にかかわる脳領域の活動についての知見を述べた. 次節では，共感の発達プロセスに影響を及ぼすといわれる情動的応答性と共感との関連について述べる.

3.3　情動的応答性と共感

情動的応答性とは，養育者が乳児の動きや表情から情動を適切に読み取り，正しく，すばやく，適切に対応することと定義されている（Biringen and Robinson, 1991）．乳児は養育者とのかかわりあいを通じて，他者との対人関係能力を身につけることから，養育者の情動的応答性は，乳児の適切な対人関係能力の発達にきわめて重要な要素の一つであるといえる．養育者の養育態度が子どもの共感の発達に及ぼす影響に関して，養育者が子どもの要求に共感し，思いやりをもって世話をすることで，その子どもは向社会的行動や共感行動をより多く行うようになることが明らかとなっている（Zahn-Waxler and Radke-Yarrow, 1990）．また，人種や子どもの年齢にかかわらず，母親が自分の子どもに対して思いやりのある，温かい態度で接することは子どもの共感の発達に影響を及ぼすことが多くの研究によって示唆されている（Eisenberg et al., 1991；Robinson and Eltz, 2004；橋本・小池，1993）．

橋本・小池（1993）は，2歳から6歳までの幼児の共感と母親の子に対する態度や意識との関連を検討した．その結果，母親が子どもを受容しているほど，その子どもの共感は高いことが明らかとなった．一方，母親の支配や統制は，その子どもの共感の程度と負の相関が見出された．さらに，Moreno et al.（2008）は生後15カ月の子どもに対する養育者の情動的応答性が，その後（生後2年，4年）の子どもの共感の発達に及ぼす影響を縦断的に調査した．彼女らの調査によると，生後15カ月の時点の養育者の子どもへの情動的応答性は，生後2年の時点の子どもの養育者に対する共感を高めていたことが明らかとなった．その影響は，子どもにとって身近な養育者に対してのみではなく，見知らぬ他者に対しても同様に確認されている．また，養育者と子どもの関係性が子どもの共感の発達に及ぼす影響は小さく，子どもの性別などによって変化すると主張している知見も存在する（Kiang et al., 2004；Liew et al., 2003）．

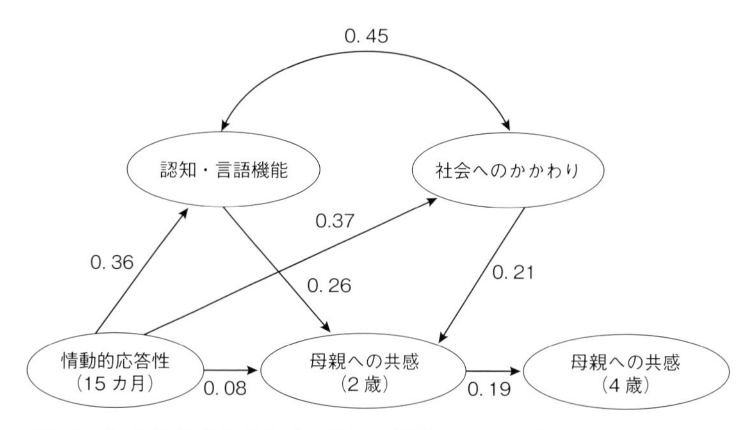

図3.7　情動的応答性が共感に及ぼす影響プロセス（Moreno et al., 2008, Figure 3，一部改変）

近年，これらの知見をふまえて，養育者の養育態度と子どもの共感の発達との関係性を説明するための調整変数もしくは媒介変数の解明に注目が集まっている．これらの研究では，そのような変数として子どもの認知・言語機能および社会とのかかわりの程度に着目し，養育者の情動的応答性が子どもの共感の発達に及ぼす影響を調べている（Moreno et al., 2008）．その結果，養育者の情動的応答性が子どもの共感の発達に及ぼす影響は，子どもの認知・言語機能および社会とのかかわりの程度によって完全に説明されることが示された．これらのことより，養育者の情動的応答性が子どもの認知・言語機能および社会とのかかわりの程度を高め，子どもの共感の程度を発達させるという一連のプロセスが明らかとなっている（図 3.7）．

多くの研究により，養育者の情動的応答性がその子どもの共感の発達に密接に関与することは認められている．今後，情動的応答性と共感の発達との関係に影響を及ぼすその他の要因（パーソナリティ特性などの子どもの個人内変数，養育者および子どもを取り巻く外的環境要因など）について，詳細な検討が必要であろう．

3.4　情動的共感と認知的共感

これまで述べてきたように，共感は複数の構成要素からなる多次元的な特性である．そして，共感に関する研究では，それらの構成要素をまとめ，二つの側面，すなわち，共感の情動的側面（情動的共感）と認知的側面（認知的共感）からとらえようとしてきた．情動的共感（affective/emotional empathy）とは，「高次の認知プロセスを経ずに，他者と同じ感情状態を自分自身も経験すること」である．これは，悲しんでいる他者を見たときに，自分自身も辛くなったり，悲しい気持ちになることである．上述した共感を測定するための尺度である IRI や多次元共感尺度では，「共感的関心」や「個人的苦痛」に含まれる項目が情動的共感に該当する．一方で，認知的共感（cognitive empathy）とは，「他者と同じ立場に立って物事を見て，相手の気持ちをあたかも自分自身のものであるかのように理解すること」である．つまり，認知的共感とは，悲しんでいる他者を見たときに，自分がその人の立場だったらどのように感じるだろうかと想像することである．これは IRI や多次元共感尺度において，「視点取得」もしくは「気持ちの想像」，および「ファンタジー」の項目として測定されるものである．嶋田（2014）は，情動的共感は自動的・無意識的に起こるのに対し，認知的共感は意識的な努力を必要とするとして両者を分類できると述べている．

情動的共感，認知的共感それぞれの生理的メカニズムに関する研究により，両者の生理的基盤は異なることが示唆されている（Shamay-Tsoory et al., 2009）．彼女らは，共感にかかわる脳領域のうち，共感の基盤となる感情伝染システム（emotional contagion system）が情動的共感に，より高度な認知的視点取得システム（cognitive perspective taking system）が認知的共感にそれぞれ関与すると予測し，それぞれのシステムにかかわる脳領域（下前頭回および前頭前野腹側部）を損傷した患者群と健常群を対象に，共感性を測定するさまざまな課題を実施した．最初にIRIの得点を比較し，予測したとおり，下前頭回損傷群において「個人的苦痛」得点が他群よりも有意に低かった．一方，腹側前頭前野損傷群では，「視点取得」得点と「ファンタジー」得点が他の群と比較して有意に低かった．ついで，人物の目の周辺のみが写っている写真を見て，その人物がどのような感情状態であるかを二つの選択肢から選択する情動認識課題と，物語を読んで登場人物の心情を推測する心の理論課題を行い，群間で各課題成績を比較した．その結果，下前頭回損傷群では，情動認識課題の成績が他の群の参加者に比べて悪かった．それに対し，腹側前頭前野損傷群では，心の理論課題の成績が他群と比較して悪かった．以上の結果をまとめると，感情伝染システムに含まれる下前頭回は情動的共感に，認知的視点取得システムの腹側前頭前皮質は認知的共感にそれぞれ関与する脳領域であり，それらの脳領域が損傷すると該当する共感機能に障害をきたすことが示唆された．さらに，情動的共感と認知的共感のそれぞれの生理学的機序は独立して機能する可能性が認められた．

情動的共感と認知的共感の生理的メカニズムの差異については，他の研究においても述べられている（Nummenmaa et al., 2008）．この研究では，参加者はある人物が日常生活を送っている場面の写真，もしくは不快や恐怖，苦痛を感じている場面の写真を見て，登場人物に共感するよう求められた．筆者らは，前者の共感を認知的共感，後者を情動的共感と定義づけ，それぞれの共感に関連する脳部位の脳血流量の変化をfMRIによって計測した．その結果，認知的共感に比べて，情動的共感の感情プロセスに関与する視床，顔や身体の知覚にかかわる紡錘状回の活動が大きかった．さらに，他者の行動のミラーリングにかかわる下頭頂回および運動前野の活動は，とりわけ情動的共感により増大することが確認された．これらのことから，情動的共感は認知的共感に比べて，他者の動きの処理にかかわる脳領域をより活性化させ，他者の心的状態を読み取っていると結論されている．

本節では，共感の二つの側面，すなわち情動的共感と認知的共感の概念を取り上げ，両者の生理的メカニズムの差異について述べた．次節より共感の障害とそれによって引き起こされるさまざまな障害との関連についてまとめる．最初に，情動的共感および認知的共感の障害と犯罪との関連についての知見を紹介する．

3.5 情動的共感の障害と犯罪

情動的共感と犯罪との関連について，de Wied et al. (2005) は，素行障害または破壊的行動障害の診断基準を満たす 8 歳から 12 歳の少年で構成された障害群 25 人と，年齢，知能指数を同じにした健常群 24 人との情動的共感の程度を比較し，障害群のほうが健常者群よりも情動的共感の程度が低いことを報告している．さらに，情動的共感の低さが反社会的な行動の出現に影響を及ぼすことも示された．これに対して，少年院在院者 265 人と大学生 718 人を対象に IRI を調べ，情動的共感の一側面である「共感的関心」得点において，大学生よりも在院者のほうが高いことを報告した研究もある (奥平ら, 2004)．同様に，河野ら (2013) は，19 歳から 26 歳までの男性犯罪者（犯罪者群）と 18 歳から 23 歳までの男子大学生（一般群）を調査対象として，IRI の各因子得点について比較検討した．河野ら (2013) はまず，犯罪者群を直接的対人攻撃行動の有無に応じて 2 群に分類し，ついで，一般群も含めた 3 群の IRI 得点を比較した．その結果，一般群よりも犯罪者群において「共感的関心」得点が高いことが見出された．さらに，「共感的関心」得点の高さは，対人攻撃行動の有無にかかわらず，いずれの犯罪者群においても確認された．また，岡本・河野 (2010) は，暴力的な犯罪者と非暴力的な犯罪者との「個人的苦痛」の程度には差がなかったことを明らかにしている．このほか，11 歳から 14 歳の少年を対象として，情動的共感の程度と過去 6 カ月間の攻撃行動および過去 12 カ月間の非行の頻度などとの関連を検討した研究では，情動的共感と攻撃行動および非行との関連は確認されないことが報告されている (de Kemp et al., 2007)．

以上より，情動的共感の障害と犯罪との関連についての知見をまとめると，犯罪者には情動的共感の障害が認められることを示唆する知見がある一方で，犯罪者のほうが非犯罪者よりも情動的共感の程度が高いとする知見もある．また，暴力的な犯罪者と非暴力的な犯罪者の情動的共感の程度には違いが認められなかったことを示唆する知見や，情動的共感と攻撃行動や非行との直接的な関連は認められないとする知見もあり，これまで一貫した結論には至っていない．

3.6　認知的共感の障害と犯罪

ついで，認知的共感の障害と犯罪との関連について述べる．奥平ら（2004）は，非行少年の認知的共感性は大学生と比較して低いことを指摘している．彼女らは，少年院在院者と大学生のIRIを比較し，少年院在院者の認知的共感の一側面である「視点取得」の得点が大学生よりも低いことを見出した．さらに，共感と他者をどのように意識しているかの程度との関連についても検討した．彼女らは，辻（1993）により作成された他者意識尺度（例：人の気持ちを理解するようにいつも心がけている，人のことがいろいろと心に浮かぶ）を用いて，他者意識の程度を測定している．その結果，大学生では共感と他者意識との間に中程度の正の相関が認められたのに対し，少年院在院者では共感性と他者意識との関連が低く，一部では負の相関も確認された．これらのことから，奥平ら（2004）は「他者への意識の向け方の特異性が少年院在院者の共感性の低さに影響していると考えられる」と考察している．渕上（2008）は，少年鑑別所に入所している男女1842人を対象として，共感と素行障害傾向との関連を検討し，男女ともIRIの「視点

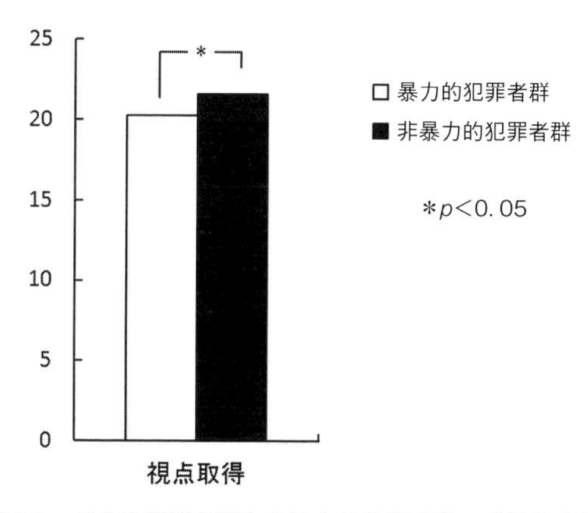

図 3.8　暴力的犯罪者群と非暴力的犯罪者群の「視点取得」得点の比較（岡本・河野，2010，図 1，一部改変）

取得」得点が低いほど，素行障害傾向が高いことを示した．加えて，岡本・河野（2010）は，20代から60代までの成人犯罪者100人を，暴力的犯罪を行ったことがあるか否かで分類し，暴力的犯罪を行ったことのある暴力的犯罪者群，暴力的犯罪を行ったことのない非暴力的犯罪者群とし，それぞれの共感性の程度を比較した．その結果，暴力的犯罪者群の「視点取得」得点は，非暴力的犯罪者群と比較して，有意に低いことが認められた（図3.8）．このことは，暴力的な犯罪者は，非暴力的な犯罪者と比べて，共感の認知的側面である他者の立場に立って物事を考えることが苦手であることを示唆している．しかし，渕上（2008），岡本・河野（2010）のいずれの研究も，対照群と罪を犯していない一般サンプルとの比較検討が行われていないという問題があった．この問題を解決するために，河野ら（2013）は，男性犯罪者と男子大学生のIRI得点を調べ，共感の程度の比較検討を行い，認知的な共感性を測定する「視点取得」得点，「ファンタジー」得点のいずれも群間の差はなかったと報告している．

これまで情動的共感，認知的共感の障害と犯罪との関連についての知見を紹介した．共感は攻撃行動を抑制し，援助行動などの向社会的行動の促進と関連する（登張，2000）ことから，「犯罪者は罪を犯していない者と比べて共感が低い」という考えは広く受け入れられやすいように思える．しかし，情動的共感，認知的共感のいずれも，犯罪者のほうが非犯罪者よりも共感程度が低いという一貫した知見はこれまで得られていない．また，犯罪者の共感性のほうが非犯罪者の共感性よりも高いことを示唆する諸研究もある．たとえば，出口・大川（2004）の調査では，凶悪犯罪者群，非暴力犯罪者群，非犯罪者群の共感程度を比較検討し，共感程度は，凶悪犯罪者群でもっとも高く，ついで非暴力犯罪者群で，非犯罪者

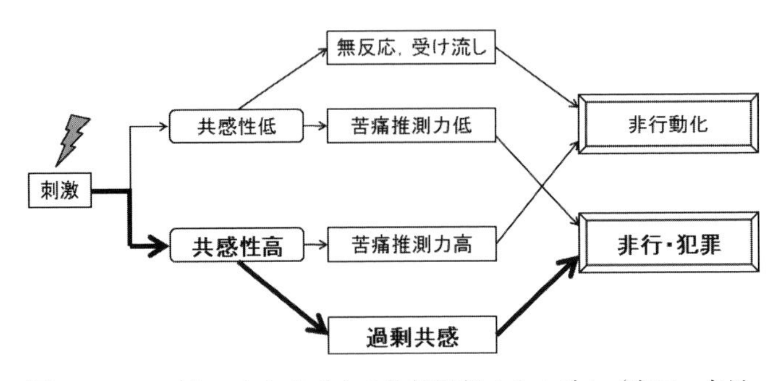

図3.9　エンパシッククライムの生起過程メカニズム（出口・大川，2004，図1，一部改変）

群の共感程度がもっとも低いことが認められた．これらのことから，出口・大川（2004）は，「共感性が高いからこそ刺激に過剰共感を起こし，凶悪犯罪に至る場合もある」とし，「エンパシッククライム（empathic crime：共感的犯罪）」という概念を提唱している（図 3.9）．

総務庁青少年対策本部（現内閣府政策統括官（共生社会政策担当））の委託によって矯正協会附属中央研究所が行った調査（2000）では，非行少年の共感の程度は，一般の中学生や高校生よりも高いという結果が認められた．この結果については，「非行少年は，身近な人には過剰なまでの思いやりを見せるが，その他の人に対してはまったく示さないといった，相手により極端な差があるのではないか」という考察がなされている（奥平ら，2004；総務庁青少年対策本部，2000）．これらの知見より，河野ら（2013）は，「非行・犯罪者の共感性の特徴を，単純に高い／低いといったことで説明するのは難しい」と説明している．彼女らは，「非行・犯罪者は，情動的な共感能力の高さに見合った認知的機能を示さないという“アンバランスな共感性”を抱えているために，罪悪感が希薄になり，社会適応的な判断が難しくなるのではないか」と説明している．したがって，今後は，情動的共感と認知的共感のバランスの良し悪しを考慮し，共感の障害と犯罪との関係性をより詳細に検討していく必要があろう．

3.7　愛着障害と共感の未発達

上述のように，養育者の情緒的応答性は子どもの共感の発達に大きな影響を及ぼす．このような養育者とその子どもとの情動的結びつきは愛着（attachment）とよばれ，愛着は養育者，とりわけ母親とのスキンシップなどを通じて生後 6 カ月から 1 歳半ごろまでに形成される（Bowlby, 1977）．岡田（2011）は，「愛着がスムーズに形成されるために大事なことは，十分なスキンシップとともに，母親が子どもの欲求を感じとる感受性をもち，それに速やかに応じる応答性を備えていることである」と説明している．そして，養育者との間に愛着の絆が形成されると，子どもは「いざという時に守ってもらい，頼ることのできる，安全が確保され，安心できる存在」として，養育者を「安全基地」とみなすようになる．子どもは養育者という主たる「安全基地」を確保することで，外界に対して積極的に探索行動を行い，徐々に養育者から離れることができるようになることで，養育者以外の人物とも安定した対人関係を築くことができるようになる．しかし，近年，適切で安定した愛着を形成することができないことによる愛着障害が問題となっている．岡田（2011）は，適切で安定した愛着の形成がきわめて困難になる状況として，死別や離別によって愛着対象の人物がいなくなった場合，養育者からの虐待，ネグレクトによって子どもの安全が脅かされる場合をあげている．これらの状況はいずれも子どもが「安全基地」を確保できないという点で共通しており，その結果，健全な愛着を育むことができなくなり，愛着障害へとつながっていくと推測される．

われわれは養育者やそれ以外の他者との間に愛着を形成することにより，他者と自分自身に対して，それぞれ主観的な信念や期待を構築させる．すなわち，「この人は自分の要求に答えてくれるのか」，「この人は自分を受容してくれるのか」といった他者への信念や期待を抱くと同時に「自分は受容されるに値するのか」といった自分自身への信念や期待をもつ．このような信念や期待といった心的表象は内的作業モデルとよばれ（Bowlby, 1973），児童期，青年期にかけてつくりあげられ，その後は安定した形で維持され，その人固有の愛着スタイルを確立していく．愛着に関する初期の研究は，おもに乳幼児を対象としたものであったが，その後，成人の愛着も対象に研究が行われるようになった．Bartholomew（1990）は，他者に対する内的作業モデルと自己に対する内的作業モデルのそれぞれをポジティブまたはネガティブを両端とした軸としてとらえ，それぞれの組み合わせに応じて成人の愛着スタイルを四つのタイプに分類した．すなわち，他者は自分を受け入れてくれるか否か，自分は受容される価値があるか否かによって，①双方がポジティブな「安定型」，②他者はポジティブで自己がネガティブな「とらわれ型」，③他者はネガティブで自己がポジティブな「拒絶型」，④双方ネガティブな「恐れ型」の4タイプに分類した．近年では，成人の愛着スタイルの種類は，「安定型」，「不安型」，「回避型」の三つのタイプに分類されるとの指摘もある（岡田，2011）．「安定型」は，対人関係において思い悩むことはなく，自分が愛着し信頼している相手を尊重し，相手の反応を肯定的にとらえることのできるタイプである．「不安型」は，極端な親密性を対人関係に求め，相手から拒絶されたり，見捨てられることに対してきわめて敏感で，相手に依存しがちなタイプである．「回避型」は，他者との情動的つながりを積極的に避け，他人に依存せず，距離を置いた対人関係を好むタイプである．このうち「不安型」と「回避型」の愛着スタイルは不安定な愛着スタイルとされている（表3.3）．

表 3.3　成人の愛着スタイルの3タイプ（岡田，2011）

タイプ	
・安定型愛着スタイル（secure attachment style） 対人関係において思い悩むことはなく，自分が愛着し信頼している相手を尊重し，相手の反応を肯定的にとらえることのできるタイプ	
・不安型愛着スタイル（anxious attachment style） 極端な親密性を対人関係に求め，相手から拒絶されたり，見捨てられることに対してきわめて敏感で，相手に依存しがちなタイプ	不安定な愛着スタイル
・回避型愛着スタイル（avoidant attachment style） 他者との情緒的つながりを積極的に避け，他人に依存せず，距離を置いた対人関係を好むタイプ	

成人の愛着の計測には，おもに2種類の方法が用いられている．最初の方法は，成人愛着面接（adult attachment interview；Main et al., 1985）とよばれる半構造化面接法で，これは面接者が被面接者にいくつかの質問をして，その回答をもとに「安定型」，「不安型」，「回避型」に類型化するものである．残りの方法は，自己報告式の質問紙を用いて愛着スタイルを測定するもので，一般的に広く用いられている質問紙として，親密な対人関係尺度（the Experiences in Close Relationship inventory：ECR）やその改訂版である the Experiences in Close Relationship inventory the generalized-other-version（ECR-GO）がある．ECR-GO は，「私は，いろいろな人との関係について，非常に心配している」や「私は人とあまりに親密になることがどちらかというと好きではない」といった項目について，「1：まったくあてはまらない」から「7：非常によくあてはまる」の7件法で回答する質問紙である（中尾・加藤，2004）．ECR-GO では二つの側面から成人の愛着スタイルを測定している．第一の側面は見捨てられ不安とよばれ，この得点の高い人は「不安型」の愛着スタイルを選択しやすい．第二の測面は親密性の回避とよばれ，「回避型」の愛着スタイルを測定する．そして，両方の得点が低い場合は「安定型」の愛着スタイルを選択しやすいことを意味している．

Muris et al.（2004）は，不安定な愛着スタイルをもつ人は対人関係を困難にし，さまざまな精神的な問題を抱える可能性が高いことを報告している．彼らは，441人の青年を対象に，愛着スタイルと怒りおよび敵意の程度との関連を調べ，不安定な愛着スタイルの人ほど怒りや敵意の程度が高いことを明らかにしてい

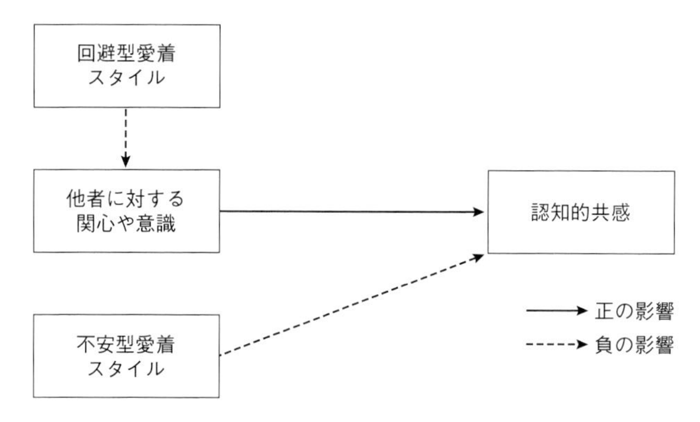

図 3. 10　回避型愛着スタイルと不安型愛着スタイルが認知的共感に及ぼす影響過程（今野・小川，2011，Figure 1，一部改変）

る．また，Lee et al.（2014）は，幼少期の親からの暴力と青年期における交際相手への暴力との関係性に及ぼす愛着スタイルの影響を調べ，幼少期に親から暴力を多く受けた女性ほど不安定な愛着スタイルをもつようになり，青年期に交際相手に対してより暴力的になるという一連のプロセスを示唆している．岡田(2011)は，「愛着障害の人は，幼少期に共感をもって接してもらうことが不足していたために，相手の気持ちに対する共感性が未発達で，相手の立場に立って，相手を思いやるということが苦手になりやすい」と述べている．今野・小川（2011）は，大学生を対象に愛着スタイルと認知的共感との関連を検討し，不安定な愛着スタイルの高い人ほど認知的共感の程度が低いことを認めている．さらに，「回避型」の愛着スタイルを選択しやすい人は，他者に対する関心や意識が低いために，認知的共感が低くなるという過程を明らかにしている．一方，「不安型」の愛着スタイルを選択しやすい人は，他者に対する関心や意識を介さず，直接的に認知的共感を低めていることも示唆している（図 3. 10）．

多くの研究で得られた知見をまとめると，不安定な愛着スタイルならびにそれによって引き起こされる愛着障害は共感の未発達と密接に関連すると考えられる．その背景には，幼少期における養育者からの情動的応答性の不足や共感をもって接してもらった経験の不足が関与していると考えられる．なお，不安定な愛着スタイルのうち，「回避型」愛着スタイルは他者に対する関心や意識の低さが共感の未発達を引き起こしているのに対して，「不安型」愛着スタイルは共感の未発達に直接作用することから，不安定な愛着スタイルが共感の発達に及ぼす影響は，愛着スタイルのタイプによって異なる可能性があると考えられている．

本節では，愛着スタイルという個人特性が共感の発達・未発達に及ぼす影響について概説した．次節では，共感の低さを特徴とする個人特性のサイコパシー傾向に着目し，高サイコパシー傾向者が示す共感の障害について説明する．

3.8　サイコパシーと共感の障害

これまで，情動的応答性の不足や不安定な愛着スタイルと共感の障害，未発達ならびに犯罪などの反社会的行為との関連について述べた．本節では，他者への共感がきわめて低く，衝動的で攻撃性が高いという特徴をもち，犯罪などの反社会的行為と密接に関連するサイコパシー（psychopathy）について説明する．（注記：本章で用いている「サイコパシー」という言葉は，精神医学の「反社会性パーソナリティ障害」に該当する）

今日定義されているサイコパシーの概念は，精神病理学者の Cleckley（1941）が執筆した“The Mask of Sanity”の記述を起源としている．彼は，その著書で，サイコパシーの特徴として，表面的な魅力，不安や罪悪感の欠如，不誠実で信頼できないこと，自己中心的，親しい関係を継続してつくれないこと，罰から学習しないこと，情動の乏しさ，などをあげている．これをもとにカナダの心理学者の Hare（1980）は，初めて形式化したサイコパシーの診断ツールとして，半構造化面接検査法を用いたサイコパシーチェックリスト（Psychopathy Checklist：

表 3.4　PCL-R の項目

1. 口先だけのこと／表面的な魅力	11. 不特定多数との性行為
2. 誇大化した自己価値観	12. 子供の頃の問題行動
3. 刺激を求めること／退屈しやすさ	13. 現実的，長期的な目標の欠如
4. 病的なまでに嘘をつくこと	14. 衝動的なこと
5. 詐欺／人を操ること	15. 無責任なこと
6. 良心の呵責／罪悪感の欠如	16. 自分の行動に責任を取れないこと
7. 浅薄な感情	17. 多数の長続きしない婚姻生活
8. 冷淡さ／共感性の欠如	18. 少年非行
9. 寄生的生活様式	19. 仮釈放の取り消し
10. 行動のコントロールが苦手	20. 犯罪の多種方向性

PCL）を開発した．PCL では，専門的知識を習得した検者が，診断対象者との面接を通じて，「罪悪感の欠如」，「現実的，長期的な目標の欠如」といった 20 項目について，「0：いいえ」，「1：おそらく」，「2：はい」からいずれか一つを選択してサイコパシーの診断を行う（表 3.4）．その後，PCL を改訂したサイコパシーチェックリスト改訂版（Psychopathy Checklist-Revised：PCL-R）（Hare, 1991）や PCL-R の短縮版である鑑別版（Psychopathy Checklist：Screening Version：PCL-SV）（Hart et al., 1995），子どもおよび青年のサイコパシーを測定するための改訂版（The Psychopathy Checklist：Youth Version）（Forth et al., 2003）が開発され，現在，サイコパシーの診断ツールとして世界中で用いられている．

近年の疫学研究によると，一般人口における高サイコパシー傾向者の割合が明らかになりつつある．たとえば，Neumann and Hare（2008）の研究では，514 人のアメリカ人の調査対象者に PCL-SV を実施した．PCL-SV は 12 項目から構成され，それぞれの項目について「0：いいえ」，「1：おそらく」，「2：はい」で評価される．したがって，PCL-SV のスコアの範囲は 0 点から 24 点になる．そのうち，13 点以上獲得した人たちは「潜在的な高サイコパシー傾向者」であるとされている（Monahan et al., 2001）．調査の結果，PCL-SV で 13 点以上のスコアを取った「潜在的な高サイコパシー傾向者」の割合は全体の 1.2% であった．さらに，16 歳から 74 歳までのイギリス人，638 人を対象に PCL-SV を実施した研究では，13 点以上の人たちは全体の 0.6% であったと報告している（Coid et al., 2009）．一方，男性の被収容者 299 人に対して PCL-SV を実施した調査によると，58.5% の収容者でスコアが 13 点以上であった．これまで日本ではサイコパシーの疫学研究はなく，日本人における高サイコパシー傾向者の割合は明らかではない．今後，日本における高サイコパシー傾向者の割合の解明，および欧米との比較などを行う必要があろう．

サイコパシーを研究対象とした初期の研究では，サイコパシーを一部の人物のみに当てはまる異常な特性であるととらえてきた．そのため，PCL および PCL-R の診断対象者は刑務所などの被収容者を前提としており，それらの診断ツールの使用には専門的知識を必要とした．しかし，近年では，サイコパシーはだれもがもつ特性の一側面であると考えられ，サイコパシーの連続性を指摘する研究も増えてきている．たとえば，Haslam（2007）は，サイコパシーも含めたさまざまな精神疾患について，健常者と患者との間で症状に質的な違いが認められるか否かを検討した諸論文のレビューを行った．その結果，健常者と患者のサイコパシーは質的に同質であると結論づけた論文は6編，異質であるとした論文は1編であったと報告している．さらに，サイコパシーは連続性を示す次元的な現象である可能性が高いという結果は，自己報告式の尺度を用いた研究とPCL-Rを用いた研究において一貫して得られている（Edens et al., 2006；Guay et al., 2007）．一方，PCL-Rの項目を健常者に対して使用することは適切でないという知見（Mahmut et al., 2008）もあり，サイコパシーを次元的にとらえるかどうかについては今後も議論を継続していく必要があろう．

近年，健常者を対象としたサイコパシー研究の一般化にともない，健常者のサイコパシーを測定するための尺度として，サイコパシー性質診断表（Psychopathic Personality Inventory：PPI）（Lilienfeld and Andrews, 1996）がある．PPIは，187項目の自己記入式質問紙で，「ストレス脆弱性」，「責任転嫁」，「冷酷さ」，「恐怖心の欠如」，「社会的権力欲求」，「マキャベリ的利己主義」，「衝動的な社会的逸脱」，「無責任で計画性のない行動」の8側面からサイコパシーをとらえる尺度である．その後，PPIは154項目から構成されるサイコパシー性質診断表改訂版（Psychopathic Personality Inventory-Revised：PPI-R）（Lilienfeld and Widows, 2005）に改訂され，一定以上の信頼性と妥当性が確認されている（Uzieblo et al., 2010）．

Levenson et al.（1995）によって開発されたリヴェンソン自己申告サイコパシー尺度（the Levenson's Self-Report Psychopathy Scale：LSRP）は26項目から構成された質問紙で，二つの側面からサイコパシーを測定する．一つ目の側面は「一次性サイコパシー」とよばれ，利己的で共感性が低い，無責任であるといった，おもにサイコパシーの情動，感情面の特徴をとらえるための質問から構成される．二つ目の側面は「二次性サイコパシー」とよばれ，衝動的で攻撃的，幼い頃から繰り返し問題行動を起こし，失敗から学ぶことができないといったサイコパシーの行動面の特徴をとらえるための質問から成っている．LSRPも健常者のサイコパシー尺度として，一定水準以上の信頼性と妥当性をもつことが確認されている（Levenson et al., 1995；大隅ら，2007；杉浦・佐藤，2005）．

サイコパシーと共感の低さとの関連について，諸研究により多くの知見が得られている．たとえば，Seara-Cardoso et al.（2013）は，自己申告式の質問紙を用いた研究で，サイコパシー尺度の得点の高い女性ほど，IRIの得点が低いと述べている．さらに，それらの関連は調査対象者の知能指数の影響を統制した後も同様に認められた．これらのことから，知能指数に関係なく，サイコパシーの高い人ほど，共感の質問紙の得点が低いことを示している．また，増井・横田（2014）は，LSRP と登張（2003）が作成した多次元共感性尺度の「共感的関心」，「個人的苦痛」，「視点取得」との関連を調べ，サイコパシーの得点が高いほど「共感的関心」，「視点取得」の得点が低く，「個人的苦痛」得点が高いことを示唆している．同様に，大庭ら（2013）も大学生を対象として，LSRP と多次元共感尺度との関連を検討し，LSRP の一次性サイコパシーの得点の高い大学生は，低い大学生に比べて，「個人的苦痛」得点および「視点取得」得点が低いことを見出している．一方，二次性サイコパシーの得点の高い人は，低い人と比較して，「個人的苦痛」得点が高く，「視点取得」得点は低いという結果が得られている．

サイコパシーと共感の低さについて，これまでの質問紙調査の結果をまとめると，サイコパシーの高い人は，低い人よりも，共感の水準が低いことが見てとれる．とりわけ，他者の気持ちを想像したり，それに対して情動反応が生じるといった他者指向的な共感の程度が低いという結果が一貫して得られている．一方で，一部の研究においてサイコパシーの高い人は他者の苦痛に対する自己指向的な反応の程度が高いといった結果が得られている．この結果は一見すると「共感が低い」というサイコパシーの特徴と矛盾しているように思える．しかし，「個人的苦痛」が利己的な情動反応を示すといった指摘（Batson et al., 1983）や，「個人的苦痛」の高さが攻撃性の高さと関連することを報告している研究もある（鈴木・木野，2008）．サイコパシーと「個人的苦痛」との間に正の関連が見出されたという知見は，これらの「個人的苦痛」の特徴を反映したものである可能性が考慮される．

近年，サイコパシーにマキャベリアニムズ，自己愛性傾向を加えた Dark Triad とよばれる個人特性と共感との関連について検討されている．Dark Triad に共通する特徴として，不誠実さ，冷酷さ，他者操作性，攻撃性の高さなどがあげられる（Paulhus and Williams, 2002）．加えて，Dark Triad は共感の低さとも関連することが指摘されている．Wai and Tiliopoulos（2012）は Dark Triad の三特性はいずれも情動的共感の欠如を示したことを報告している．Jonason and Kroll（2015）は，516 人のドイツ人を対象に Dark Triad と IRI との関連について調査した．その結果，サイコパシーは「視点取得」や「共感的関心」との間に負の関連が見出されたのに対して，自己愛性傾向は「ファンタジー」および

「個人的苦痛」との間に正の関連が認められた．

Decety et al.（2013）は，実験的手法を用いてサイコパシーと共感の低さ，サイコパシーと感情的な視点取得との関連を検討している．彼らは，最初に実験参加者にPCL-Rを実施し，PCL-Rの得点に応じて，高サイコパシー群，中サイコパシー群，低サイコパシー群に分類し，その後，参加者にドアに指を挟んでいる写真や，足の上に重い荷物が落ちている写真といった身体的な痛みをともなう画像を呈示し，その状況が自分自身に起きているのか（自己痛み条件），もしくは他人に起きているのかを想像させた（他者痛み条件）．これらの実験条件下で，fMRIを用いて脳活動の変化を測定した結果，自己痛み条件のときには，実際に痛みを経験した際に活動する脳領域（前部島皮質，前部中帯状皮質，補足運動野，下前頭回など）と同じ脳領域が活性化していた．他者痛み条件においても同様の脳領域が活性化し，高サイコパシー群は，低サイコパシー群と比較して，内側前頭皮質や扁桃体，前部島皮質，前部帯状皮質といった他者の痛みに対する共感や情動処理にかかわる脳領域の活動が小さく（図3.11），PCL-R得点の高い人ほどその傾向が顕著であった．これらのことから，他者の痛みを想像する際に高サイコパシー傾向者は，低サイコパシー傾向者に比べて，他者の痛みに対する共感に関与する脳領域の活動の活性化が小さいことが明らかとなった．同様に，Brook and Kosson（2013）も，サイコパシーと認知的共感との間に負の相関があることを報告している．

一方，Domes et al.（2013）は，サイコパシーと共感の低さとの間には相関は

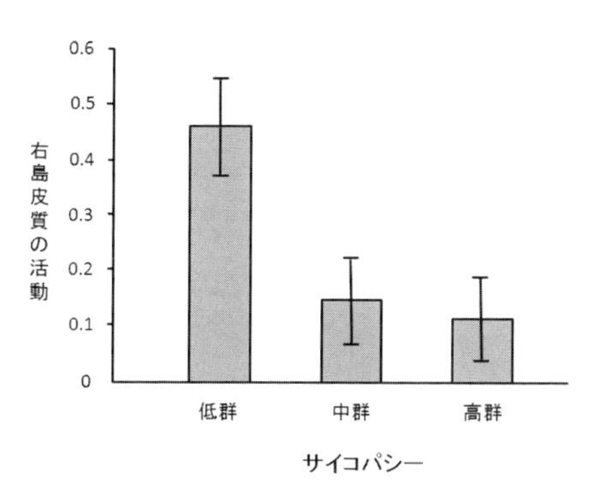

図3.11　「他者痛み条件」におけるサイコパシー群の右島皮質の活動（Decety et al., 2013, Figure 2, 一部改変）

なかったと報告している．彼らの研究では，サイコパシーと認知的共感および情動的共感との関連を調べるため，男性参加者にPCL-Rを行って，高サイコパシー群，中サイコパシー群，低サイコパシー群に分類し，実験室内で他者の感情的な表情を見て，その人物がどのような感情状態にあるか（認知的共感），どの程度強くその感情を感じているか（情動的共感）の判断を行う課題を実施した．この実験で呈示したポジティブとネガティブな表情の割合はほぼ同じであった．実験の結果，参加者のサイコパシーの程度による認知的共感，情動的共感の判断の正確さに違いはなかった．

上述の研究のほかにも，仮想の対人場面を想定した経済ゲームの一種を用いてサイコパシーと共感の低さとの関連について検討した例がある．まず，Koenigs et al.（2010）は，男性参加者に2人の間で一定金額のお金を分配するゲームを行わせてサイコパシーと共感障害について調べている．彼らが用いた分配ゲームでは，2人のうち一方が分配者，もう一方が受け手に割り当てられ，実検者から渡された一定額のお金を受け手とどのように分け合うかの分配比を決定し，その際に，受け手は分配者の提案を拒否できないこととした．この研究では，参加者は全員分配者に割り当てられた．実験の結果，PCL-R得点の高い人は，低い人と比較して，不公平な分配比を提案し，受け手にお金を渡さない傾向の強いことが明らかとなった．

また，Masui et al.（2011）は2人でポイントのやりとりを行うゲーム（繰り返しのないポイント分配ゲーム）を用いて，サイコパシーと親切な人もしくは不親切な人に対する罰行動との関連について検討した．この研究では，最初に大学生にリヴェンソン自己報告書（LSRP）への回答を求め，サイコパシーを測定し，回答した大学生からランダムに選ばれた50人が，行動実験に参加した．これらの参加者には実験室に入室後，「いまから大学生の金銭感覚を調べるための課題を行ってもらう」という偽の説明をした（参加者には実験終了後に真の目的を説明し，実験データの使用の承諾を得た）．その後，繰り返しのないポイント分配ゲームを行った（図3.12）．このゲームでも，2人のプレイヤーのうち一方が分配者，もう一方が受け手に割り当てられ，2人一組で以下に述べるような手順でポイントのやりとりをした．

まず，ゲームに先立ち分配者と受け手に10ポイントを渡し（参加者にはあらかじめ，手持ちのポイントをなるべく多くすることを目標とし，ゲームで獲得し

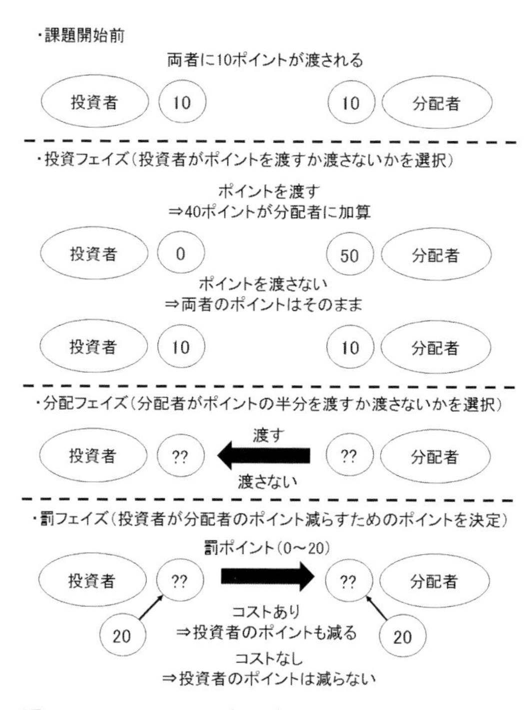

図 3.12 Masui et al.（2011）で用いられたポイント分配ゲームの手順

たポイントは，実験終了後に現金と交換して渡すことを伝えた），最初に分配者が手持ちの 10 ポイントを受け手に「渡す」か「渡さない」かを選択させた．「渡す」を選択した場合には，4 倍の 40 ポイントが受け手の手持ちポイントに追加された．「渡さない」を選択した場合には，両者の手持ちポイントは 10 ポイントのままであった．ついで，受け手が手持ちポイントの半分を分配者に「渡す」か「渡さない」かを選択させ，「渡す」を選択した場合（親切な他者）には，受け手の手持ちポイントの半分を分配者の手持ちポイントに追加し，「渡さない」を選択した場合（不親切な他者）には，両者のポイントはそのままであった．ただし，このときの受け手の選択はコンピュータのプログラムで制御されており，「渡す」と「渡さない」の選択の割合は同じになるようにした．その後両者に 20 ポイントずつが加算され，分配者はこの 20 ポイントを使って受け手の手持ちポイントを減らすための罰ポイントを 0 から 20 の間で決定した．その際，分配者の手持ちポイントから決定した罰ポイントの半分が引かれるコストあり条件と引かれないコストなし条

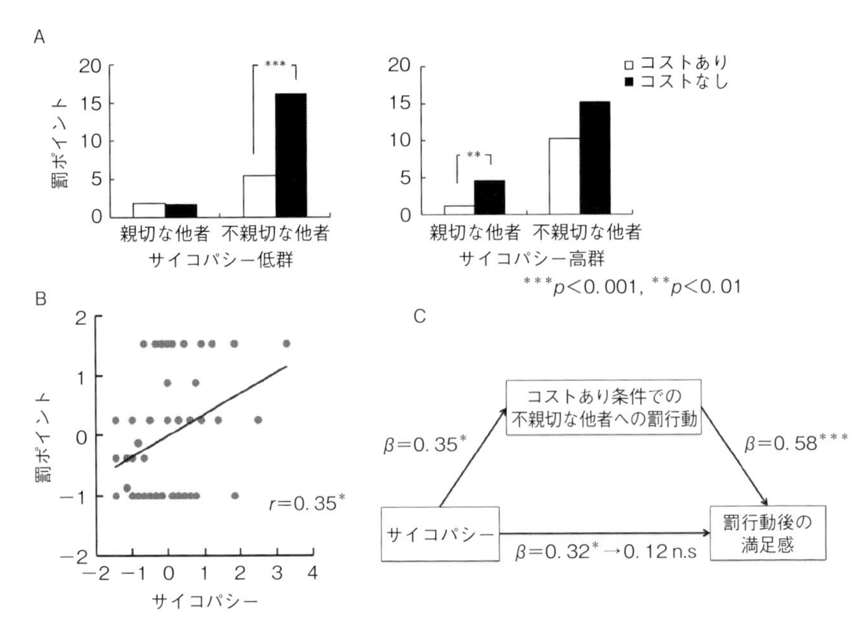

図 3.13　サイコパシー低群および高群の親切な他者，もしくは不親切な他者に対する罰ポイントの数（Masui et al., 2011, Figure 1, Figure 2，一部改変）

件が設定されており，分配者はそれぞれの条件下で罰ポイントを決定した．

分配者は，罰ポイントを決定した後，受け手を親切だと思ったか，苛立ちを感じたかなどや，どのような感情を抱いたかについての質問に回答した．なお実験では，参加者全員は分配者に割り当てられた．

上述のような実験の結果，サイコパシーの高い人たちは，コストあり条件において不親切な人物に対して，より多くの罰を与え（図 3.13A），LSRP の得点の高い人ほどその傾向が顕著であった（図 3.13B）．

上記の結果から，高サイコパシー傾向者は，たとえ自分の手持ちポイントが減っても，不親切な他者を罰する傾向の強いことが示唆された．また，サイコパシーの高い個人は，不親切な他者に罰を与えるほど相手に対して「いい気味だ」，「ざまあみろ」という感情が喚起していたことが明らかとなった（図 3.13C）．一方，サイコパシーの低い個人ではそのような感情は喚起されなかった．さらに，サイコパシーの高い人たちは，罰行動にコストがかからない状況下では，親切な人物に対してもより大きな罰を与えることも明らかとなっている（Masui et al.,

2012）．これらの知見は，サイコパシーの高い人は，低サイコパシー傾向者に比べて，対人場面において利他的なふるまいができず，長期的で互恵的な対人関係を築くことが困難となる可能性を示唆している．

収容者を対象に実験的手法を用いた研究においても，一般サンプルを対象とした研究においても，サイコパシーと共感の低さとの関連が報告されている．

本節では，反社会的行動と密接に関連するサイコパシーと共感障害に関する知見を紹介した．サイコパシーの高い個人は，低い個人と比較して，共感程度が低いことが複数の研究において示されている．これらの知見は，高サイコパシー傾向者の共感の低さが，彼ら・彼女らの互恵的な対人関係の構築，維持を困難にし，他者への攻撃性，敵意の高さにつながると要約され，共感障害は犯罪などの反社会的行動を引き起こす要因の一つと考えられる．本章の最後の 3.9 節では，きわめて利己的で重大な犯罪の一つである無差別犯罪と共感障害との関連について考察する．

3.9　無差別犯罪と共感障害

無差別犯罪の犯人はきわめて凶悪で利己的な犯罪者であり，共感が著しく乏しいように思える．しかし，これまで無差別犯罪と共感障害との直接的な関係に関する研究はほとんど存在しない．すなわち，無差別殺傷事犯は罪を犯していない人，あるいは無差別ではない罪を犯した人物に比べて共感性が低いかどうかについては必ずしも明らかになっていない．

しかし，無差別殺傷事犯が共感障害を示す可能性は大いに考えられる．たとえば，2001 年 6 月に大阪教育大学付属池田小学校に一人の男が侵入し，児童，教諭を無差別に殺傷するという事件が発生した．この事件の犯人の精神鑑定を行った精神科医は，鑑定書のなかで，「幼少期から青年期にかけての犯人は相手の気持ちを理解する能力に問題がありそう．（中略）彼の言動や対人関係の背景にあるのは情動欠如であり，自己中心的で共感性がなく，攻撃性，衝動性は顕著である．」という診断結果を報告している（岡江，2013）．また，碓井（2008）は，下関通り魔殺人事件（1999 年 9 月），土浦連続殺傷事件（2008 年 3 月），秋葉原無差別殺傷事件（2008 年 6 月）といったさまざまな無差別殺傷事件の背景要因の一つとして，犯人が社会的に孤立し，満足のいく対人関係を築けなかったことをあげている．さらに，近年の若者のうち約 3 割が自分自身の感情を自覚することや言葉にすることができず，制御困難であるという状態に当てはまると述べている．そのような状態は失感情症（アレキシサイミア：Alexithymia）とよばれている．アレキシサイミアという用語は，Sifneos（1973）によって提唱された心身症患者に特徴的なパーソナリティ特性の一つで，①自分の感情や身体の感覚に気づいたり区別することが困難である，②自分の感情を言語化できない，③自己の内面より外界に関心が向かうことを特徴とする心身症のことである．アルキシサイミアの人は，対人関係を構築，維持することが苦手で，他人との情動的なつながりを築けず，他者への共感が低いとされている．したがって，無差別殺傷事犯が社会的に孤立して，充足した対人関係を築けなかった背景には，彼ら・彼女らが抱えるアレキシサイミア傾向の高さが影響していると考えられる．これらの知見は，無差別殺傷事犯と共感障害との関連を間接的に示唆する．

一方，成人犯罪者を対象とした研究によると，殺人，強盗，強姦などの凶悪犯罪者の共感性は，窃盗や詐欺で逮捕された非粗暴犯罪者や大学生の一般の人に比べて高い（Deguchi, 1993）．出口・大川（2004）は，非行少年と共感との関連を検討した一連の研究を踏まえ，非行少年の共感が一様に低いわけではないと述べている．さらに，彼らはとくに凶悪犯，粗暴犯の共感について，他者の感情への巻き込まれやすさや自らへの関連づけが中心の共感が顕著に現れることを指摘している．そして，それらの知見を総合し，非行少年は共感が高いからこそ刺激，とくに情動的刺激に過敏に反応し，凶悪犯罪に陥るという感情移入（または共感）犯罪「エンパシッククライム」として概念化している（図 3.9 参照）．

以上のように，無差別殺傷事犯と共感障害には密接なつながりがあるように思えるが，「無差別殺傷事犯は共感が低い」という一貫した結論はいまだ得られていない．無差別殺傷事犯は共感障害を示すか否か，さらには，彼ら・彼女らが示す共感障害が無差別殺傷事犯に特有であるのか，あるいは犯罪者一般にみられるのかについては，さまざまな背景要因（養育環境，愛着スタイルやサイコパシー傾向などのパーソナリティ特性，脳の構造的・機能的特異性など）も考慮に入れ，今後より詳細な研究が切望される．　**[増井啓太]**

文　献

浅川潔司，松岡砂織：児童期の共感性に関する発達的研究．教育心理学研究 **35**，231-240，1987.

浅川潔司，吉川知子，古川雅文：幼児の共感性と向社会的行動の関係について．兵庫教育大学研究紀要（第一分冊，学校教育，幼児教育，障害児教育）**18**，141-145，1998.

Batson CD, O'Quin K, Fultz J, Vanderplas M, Isen AM : Influence of self-reported distress and empathy on egoistic versus altruistic motivation to help. *J Pers Soc Psychol* **45**, 706-718, 1983.

Bernhardt BC, Singer S : *Ann Rev Neurosci* **35**, 1-23, 2012.

Biringen Z, Robinson J : Emotional availability in mother-child interactions : a reconceptualization for research. *Am J Orthopsychiatry* **61**, 258-271, 1991.

Blair J et al : The Psychopath : Emotion and the Brain. Blackwell Publishing, 2005.（ジェームズ・ブレアほか，福井裕輝訳：サイコパス―冷淡な脳―．星和書店，2009）

Bowlby J : The making and braking of affection bonds. *Br J Psychol* **130**, 201-210, 1977.

Brook M, Kosson, DS : Impaired cognitive empathy in criminal psychopathy : evidence from a laboratory measure of empathic accuracy. *J Abnorm Psychol* **122**, 156-166, 2013.

Brown LM, Bradley MM, Lang PJ : Affective reactions to pictures of ingroup and outgroup members. *Biol Psychol* **7**, 303-311, 2006.

Carr L, Iacoboni M, Dubeau MC, Mazziotta JC, Lenzi GL : Neural mechanisms of empathy in humans : a relay from neural systems for imitation to limbic areas. *PNAS* **100**, 5497-5502, 2003.

Cleckley H : The Mask of Sanity. St. Louis : C. V. Mosby Company, 1941.

Coid J, Yang M, Ullrich S, Roberts A, Hare RD : Prevalence and correlates of psychopathic traits in the household population of Great Britain. *Int J Law Psychiatry* **32**, 65-73, 2009.

Davis MH : Empathy : A Social Psychological Approach. Iowa : Brown & Benchmark, 1994.（マーク・H・デイヴィス，菊池章夫訳：共感の社会心理学―人間関係の基礎―．川島書店，1999）

de Kemp RA, Overbeek G, de Wied M, Engels RC, Sdlolte RH : Early adolescent empathy, parental support, and antisocial behavior. *J Genet Psychol* **168**, 5-18, 2007.

de Wied M, Goudena PP, Matthys W : Empathy in boys with disruptive behavior disorders. *J Child Psychol Psychiatry* **46**, 867-880, 2005.

Deguchi Y : Empathy on criminal offenders. ASC Annual Meeting, 246-248, 1993.

出口保行，大川　力：エンパシッククライムに関する研究（I）．犯罪心理学研究 **42**，140-141，2004.

出口保行，斉藤耕二：共感性の発達的研究．東京学芸大学紀要：第1部門（教育学）**42**，119-134，1991.

Decety J, Chen C, Harenski C, Kiehl KA : An fMRI study of affective perspective taking in individuals with psychopathy : imagining another in pain does not evoke empathy. *Front Hum Neurosci* **7**, 489, 2013.

Domes G, Hollerbach P, Vohs K, Mokros A, Habermeyer E : Emotional empathy and psychopathy in offenders : An experimental study. *J Pers Disord* **27**, 67-84, 2013.

Edens JF, Marcus DK, Lilienfeld SO, Poythress NG Jr : Psychopathic, not psychopath : Taxometric evidence for the dimensional structure of psychopathy. *J Abnorm Psychol* **115**, 131-144, 2006.

Eisenberg N, Fabes RA, Schaller M, Miller PA, Carlo G, Poulin R et al : Personality and socialization correlates of vicarious emotional responding. *J Pers Soc Psychol* **61**, 459-470, 1991.

Feshbach S, Feshbach ND：Aggression and Altruism：A personality perspective. In Altruism and Aggression (Zahn-Waxler C, Cummings EM, Iannoti R eds), pp. 189-217. Cambridge：Cambridge University Press, 1986.

Forth AE, Kosson D, Hare R：The Hare Psychopathy Checklist：Youth Version. New York：Multi-Health Systems, 2003.

渕上康幸：共感性と素行障害との関連．犯罪心理学研究 **46**, 15-23, 2008.

Fujiwara T, Sato W, Suzuki N：Facial expression arousal level modulates facial mimicry. *Int J Psychophysiol* **76**, 88-92, 2010.

Guay JP, Ruscio J, Knight RA, Hare RD：A taxometric analysis of the latent structure of psychopathy：Evidence for dimensionality. *J Abnorm Psychol* **116**, 701-716, 2007.

Guo X, Zheng L, Wang H, Zhu L, Li J, Wang Q, Dienes Z, Yang Z：Exposure to violence reduces empathetic responses to other's pain. *Brain Cogn* **82**, 187-191, 2013.

Hare RD：A research scale for the assessment of psychopathy in criminal populations. *Personal Individ Differ* **1**, 111-119, 1980.

Hare RD：The Hare Psychopathy Checklist-Revised. Toronto：Multi-Health Systems, 1991.

橋本　巌，小池美香：幼児期における共感性の発達と母子関係．日本教育心理学会第 35 回総会発表論文集 **116**, 1993.

Haslam N：The latent structure of mental disorders：A taxometric update on the categorical vs dimensional debate. *Curr Psychiatry Rep* **3**, 172-177, 2007.

Hoffman ML：Empathy and Moral Development：Implications for Caring and Justice. Cambridge：Cambridge University Press, 2000.

Iacoboni M, Woods RP, Brass M, Bekkering H, Mazziotta JC, Rizzolatti G：Cortical mechanisms of human imitation. *Science* **286**, 2526-2528, 1999.

Jackson PL, Meltzoff AN, Decety J：How do we perceive the pain of others? A window into the neural processes involved in empathy. *Neuroimage* **27**, 771-779, 2005.

Jonason PK, Kroll CH：A multidimensional view of the relationship between empathy and the dark triad. *J Individ Differ* **36**, 150-156, 2015.

加藤隆勝，高木秀明：青年期における情動的共感性の特質．筑波大学心理学研究 **2**, 33-42, 1980.

風岡たま代，川守田千秋：学年比較による看護学生の共感性に関する一考察－2 回の横断的研究の比較－．聖隷クリストファー大学看護学部紀要 **13**, 27-34, 2005.

Kiang L, Moreno AJ, Robinson JL：Maternal preconceptions about parenting predict child temperament, maternal sensitivity, and children's empathy. *Dev Psychol* **40**, 1081-1092, 2004.

Koenigs M, Krueple M, Newman JP：Economic decision-making in psychopathy：A comparison with ventromedial prefrontal lesion patients. *Neuropsychologia* **48**, 2198-2204, 2010.

今野仁博，小川俊樹：認知的共感性と成人愛着との関連について－愛着回避に着目して．筑波大学心理学研究 **43**, 97-107, 2011.

河野荘子，岡本英生，近藤淳哉：青年犯罪者の共感性の特性．青年心理学研究 **25**, 1-11, 2013.

Krämer UM, Mohammadi B, Doñamayor N, Samii A, Münte T：Emotional and cognitive aspects of empathy and their relation to social cognition－An fMRI-study. *Brain Res* **1311**, 110-120, 2010.

Lamm C, Decety J, Singer T：Meta-analytic evidence for common and distinct neural networks associated with directly experienced pain and empathy for pain. *Neuroimage* **54**, 2492-2502, 2011.

Lee M, Reese-Weber M, Kahn JH：Exposure to family violence and attachment styles as predictors of dating violence perpetration among men and women：A mediational model. *J Interpers Violence* **29**, 20-43, 2014.

Levenson MR, Kiehl KA, Fitzpatrick CM：Assessing psychopathic attributes in noninstitutionalized population. *J Pers Soc Psychol* **68**, 151-158, 1995.

Liew J, Eisenberg N, Losoya SH, Fabes RA, Guthrie IK, Murphy BC：Children's physiological indices of empathy and their socioemotional adjustment：Does caregivers' expressivity matter? *J Fam Psychol* **17**, 584-597, 2003.

Lilienfeld SO, Andrews BP：Development and preliminary validation of a self-report measure of psychopathic personality traits in noncriminal populations. *J Pers Assess* **66**, 488-524, 1996.

Lilienfeld SO, Widows MR：Psychopathy Personality Inventory Revised (PPI-R). Professional manual. Florida：Psychological Assessment Resources, 2005.

Lipps T：Einfühlung, inner Nachahmung, und Organumpfindungen (Empathy, inner imitations, and sensations). *Archiv für die gesamte Psychologie* **2**, 185-204, 1903.

Lipps T：Das wissen von fremden Ichen (Knowledge of other egos). *Psychologische Untersuchungen* Bd. 1, 694-722, 1907.

Mahmut MK, Homewood J, Stevenson RJ：The characteristics of noncriminals with high psychopathy traits：Are they similar to criminal psychopaths? *J Res Pers* **42**, 679-692, 2008.

Main M, Kaplan N, Cassidy J：Security in infancy, childhood, and adulthood：A move to the level of representation. *Monogr Soc Res Child Dev* **50**, 66-106, 1985.

増井啓太，横田晋大：外国人への排外的態度とパーソナリティとの関連ーサイコパシー，社会的支配志向性，共感性との関連の検討ー．日本パーソナリティ心理学会第23回大会，2014.

Masui K, Iriguchi S, Nomura M, Ura M：Amount of altruistic punishment accounts for subsequent emotional gratification in participants with primary psychopathy. *Personal Individ Differ* **51**, 823-828, 2011.

Masui K, Nomura M, Ura M：Psychopathy, reward, and punishment. In Psychology of Rewards (Balconi M ed), pp. 55-86, New York：Nova Science Publishers, 2012.

Mehrabian A, Epstein N：A measure of emotional empathy. *J Pers* **40**, 525-543, 1972.

Monahan J, Steadman H, Silver E, Appelbaum P, Robbins P, Mulvey E, Roth L, Grisso T, Banks S：Rethinking Risk Assessment：The MacArthur Study of Mental Disorder and Violence. New York：Oxford University Press, 2001.

Moreno AJ, Klute MM, Robinson JL：Relational and Individual Resources as Predictors of Empathy in Early Childhood. *Soc Dev* **17**, 613-637, 2008.

Muris P, Meesters C, Morren M, Moorman L：Anger and hostility in adolescents：relationships with self-reported attachment style and perceived parental rearing styles. *J Psychosom Res* **57**, 257-264, 2004.

Neumann CS, Hare RD：Psychopathic traits in a large community sample：Links to violence, alcohol use, and intelligence. *J Consult Clin Psychol* **76**, 893-899, 2008.

Neumann DL, Westbury HR：The psychophysiological measurement of empathy. In Psychology of Empathy (Danielle JS ed), pp. 119-142, New York：Nova Science Publishers, 2011.

Nummenmaa L, Hirvonen J, Parkkola R, Hietanen JK：Is emotional contagion special? An fMRI study on neural systems for affective and cognitive empathy. *Neuroimage* **43**, 571-580, 2008.

大庭丈幸，西松能子，大平英樹：サイコパシー特性と多次元的共感性．人間環境学研究 **11**，13-18，2013.

O'Brien E, Konrath SH, Grühn D, Hagen AL：Empathic concern and perspective taking：Linear and quadratic effects of age across the adult life span. *J Gerontol B Psychol Sci Soc Sci* **68**, 168-175, 2013.

岡田尊司：愛着障害―子ども時代を引きずる人々―．光文社，2011.

岡江　晃：宅間守精神鑑定書―精神医療と刑事司法のはざまで―．亜紀書房，2013.

岡本英生，河野荘子：暴力的犯罪者の共感性に関する研究―認知的要素と情動的要素による検討―．心理臨床学研究 **27**，733-737，2010.

奥平裕美，木村正孝，古曳牧人，高橋　哲，栗栖素子，徳山孝之，井部文哉：共感性と他者意識に関する研究．矯正協会附属中央研究所紀要 **15**，203-218，2004.

大隅尚広，金山範明，杉浦義典，大平英樹：日本語版一次性二次性サイコパシー尺度の信頼性と妥当性の検討．パーソナリティ研究 **16**，117-120，2007.

Rizzolatti G, Fadiga L, Fogassi L, Gallese V：Premotor cortex and the recognition of motor actions. *Cognit Brain Res* **3**, 131-141, 1996.

Robinson J, Eltz M：Children's empathic representations in relation to early caregiving patterns among low-income African American mothers. In Family Stories and the Life Course：Across Time and Generations (Pratt MW, Fiese BH eds), pp. 109-131, New Jersey：Lawrence Erlbaum, 2004.

澤田瑞也：共感の心理学．世界思想社，1992.

澤田瑞也，齋藤誠一：共感性の多次元尺度作成の試み．日本教育心理学会第37回総会発表論文集 **71**，1995.

Shamay-Tsoory SG, Aharon-Peretz J, Perry D：Two systems for empathy：A double dissociation between emotional and cognitive empathy in inferior frontal gyrus versus ventromedial prefrontal lesions. *Brain* **132**, 617-627, 2009.

Seara-Cardoso A, Dolberg H, Neumann C, Roiser JP, Viding E：Empathy, morality and psychopathic traits in women. *Personal Individ Differ* **55**, 328-333, 2013.

Sifneos PE：The prevalence of 'alexithymic' characteristics in psychosomatic patients. *Psychother Psychosom* **22**, 255-263, 1973.

Singer T, Seymour B, O'Doherty J, Kaube H, Dolan RJ, Frith CD：Empathy for pain involves the affective but not sensory components of pain. *Science* **303**, 1157-1162, 2004.

総務庁青少年対策本部（現 内閣府政策統括官（共生社会政策担当））：青少年の暴力観と非行に関する研究調査，2000.

杉浦義典，佐藤　徳：日本語版 Primary and Secondary Psychopathy Scale の妥当性．日本心理学会第69回大会発表論文集 **407**，2005.

杉山憲司：対人動機共感性を素材として．異常行動（PBD）研究会誌 **29**，39-48，1990.

鈴木有美，木野和代：多次元共感性尺度（MES）の作成：自己指向・他者指向の弁別に焦点を当てて．教育心理学研究 **56**，487-497，2008.

田中あかり，岩立京子：母親の幼児に対する「言葉かけ」が幼児の共感性に及ぼす影響：ポジティブ感情の共感に注目して．東京学芸大学紀要 **57**，63-70，2006.

辰巳有紀子，小林あきの，矢吹真理：小学 4～6 年生における共感性の表出に関する研究．臨床死生学年報 **6**，54-60，2001.

Titchener E：Elementary Psychology of the Thought Processes. New York：Macmillan, 1909.

登張真稲：多次元的視点に基づく共感性研究の展望．性格心理学研究 **9**，36-51，2000.

登張真稲：青年期の共感性の発達―多次元的視点による検討―．発達心理学研究 **14**，136-148，2003.

辻 平治朗：自己意識と他者意識．北大路書房，1993.

碓井真史：誰でもいいから殺したかった！―追い詰められた青少年の心理―．KK ベストセラーズ，2008.

Uzieblo K, Verschuere B, Van den Bussche E, Crombez G：The validity of the psychopathic personality inventory--revised in a community sample. *Assessment* **17**, 334-346, 2010.

Wai M, Tiliopoulos N：The affective and cognitive empathic nature of the dark triad of personality. *Personal Individ Differ* **52**, 794-799.

渡辺弥生，瀧口ちひろ：幼児の共感と母親の共感との関係．教育心理学研究 **34**，324-331，1986.

Zahn-Waxler C, Radke-Yarrow M：The origins of empathic concern. *Motiv Emot* **14**, 107-130, 1990.

4 社会的認知の障害と犯罪

4.1 表情の認知障害と犯罪

a. 顔表情理解とコミュニケーション

他者の顔表情理解（facial expression recognition）は他者とのコミュニケーションを成立させるための根幹をなす認知能力であり，人はふだん意識することなく他者の顔を見ただけでその人物が抱いている情動（＝感情）を瞬時に理解している．もちろん，顔表情からの情報以外にも，会話内容，声のトーン，そして身振り手振りといった情報も情動を理解するのに役立つが，顔表情がもっとも情報量が多く，かつ正確にその人物の情動を理解する情報源である．そのため人は他者とコミュニケーションをとる際には自然と他者の顔に注意が向き，その人物の表情を逐一確認しながら会話をしている．たとえば表情をまったく出さない人と会話をした場合には，その人が感じている気持を理解することが難しくなり，正しく意思疎通がとれているのかどうか不安になる．また友人と会話をしている際に，自身の発言で友人の顔がこわばった場合には，その発言が失礼であったかどうかを考え，言葉を選びながら慎重に発言するようになる．このように人は他者の顔へ特別な注意を向けることにより，他者と適切にコミュニケーションをとり，円滑な人間関係を構築することができる．

顔表情による情動表出は大きく分けて，幸福（happiness），恐怖（fear），驚き（surprise），怒り（anger），嫌悪（disgust），悲しみ（sadness）の6種類があり，それらの表情に対する理解は文化普遍的であることが明らかにされている（Ekman and Friesen, 1971）．つまり，どのような文化で暮らす人であれ，目尻が下がって口角が上がっている顔写真を見れば，その人物は笑っていると判断し，眉が上がって口が丸く開いている顔写真を見れば，その人物は驚いていると判断するということである．顔表情理解を調べる研究によく使われているものとして，Ekman and Friesen（1971）が作成した6種類の感情を表出した顔写真を用いたものと，Baron-Cohen et al.（2001）が作成した目周辺のみの写真を用いてその人物がどのような感情を抱いているかを回答する「目から心を読むテスト」（Reading the Mind in the Eyes Test）がある．本章でも顔表情理解に関する研究においては，この二つの課題を中心に話を進める．

b.　顔表情理解の神経基盤

他者の顔を見た際に人の脳はどのような反応をするのだろうか．近年，機能的磁気共鳴画像（fMRI）装置を用いて，顔表情理解に関する神経メカニズムを解明する研究が行われている．その結果，他者の恐怖表情を見た際には，脳の辺縁系（limbic area）の扁桃体（amygdala）（図4.1）が強く活動することが明らかになっている（Morris et al., 1996）．4.4節で紹介するが，扁桃体の機能異常を示す反社会性パーソナリティ障害とよばれる人では，他者の恐怖表情を理解することができない．また，病気などの理由によって扁桃体に損傷のある人は，ヘビやクモといった恐怖感情を喚起させるような刺激を見ても恐怖を感じなくなる（Feinstein et al., 2011）．

一方，島皮質（insular cortex）は脳の側頭葉に隠れる形で脳の中心部に近いところにある（図4.1）．嫌悪表情への理解は島皮質が重要な役割を果たしており，他者の嫌悪表情を見ると島皮質に強い活動が増大し（Phillips et al., 1997），島皮質に損傷のある人は他者の嫌悪表情だけがわからなくなることが明らかにされている（Calder et al., 2000）．また，島皮質は他者の嫌悪表情の理解のみならず，

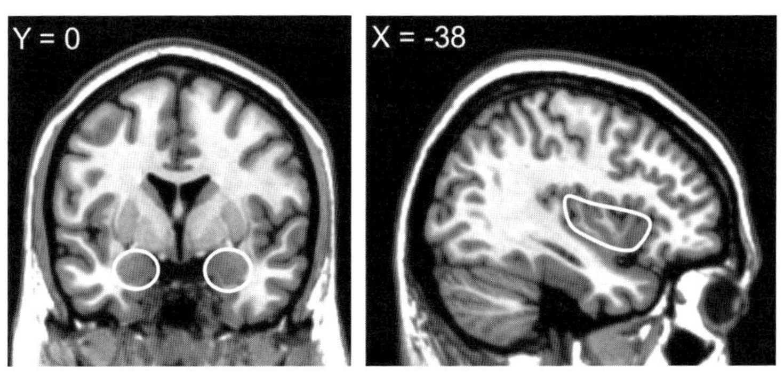

図4.1　扁桃体（左）と島皮質（右）
白線で囲った内側が該当する脳部位にあたる．

嫌な匂いや味を感じた際に経験する嫌悪感にも重要な働きを示している．さらに興味深いことには，島皮質はお金の不公平な分配といった社会的な文脈における嫌悪感にも関係する（Sanfey et al., 2003）．

c. 顔表情理解と犯罪

ここまで，扁桃体は他者の恐怖表情の理解，島皮質は他者の嫌悪表情の理解を担っていることを説明してきたが，これらの機能に障害があると，人が社会生活をおくる上でどのような問題が生じるのだろうか．人はふだん1人で生活しているわけではなく，他者とかかわりあいながら生活をしている．そのような状況では，場合によっては他者と些細なことからトラブルが生じてしまうことがある．その際に，ある者がもう一方へ敵意を示し，攻撃行動のような他者の安全を脅かすように行動すれば，攻撃された者は恐怖を感じるだろう．しかし，攻撃行動をした者が他者の恐怖表情を理解できなければ，攻撃行動を抑制できずに過剰な暴力へと発展する可能性は大いに考えられる．このような状況下では，攻撃した者と攻撃された他者の関係性は当然ながら崩壊し，程度によっては傷害事件として警察へ逮捕されることになる．同様に，嫌悪表情の理解に関しても他者が迷惑だと感じる行為をした者が，他者の嫌悪表情の理解ができなければ，その行為を続けて関係が悪化してしまう．このように，他者の恐怖表情や嫌悪表情の理解は，他者が苦痛もしくは迷惑だと感じる行為の抑止力として機能していると考えられる．

4.2 社会的認知の発達と養育環境

a. 顔表情理解と児童虐待

4.1節では，恐怖表情の理解に関する障害は，扁桃体の機能異常によることについて説明したが，顔表情の理解は生活している環境要因からも影響を受ける．近年，児童虐待（child maltreatment）が社会問題として注目を集めているが，これまで多くの研究によって，虐待を受けた子どもは，そうでない子どもに比べて他者の顔表情理解が苦手であると報告されている（Koizumi and Takagishi, 2014；Pears and Fischer, 2005；Pollak et al., 2000；Pollak and Tolley-Schell, 2003）．Pears and Fischer（2005）は，里親のもとで暮らす被虐待経験がある未就学児は，実親のもとで暮らす被虐待経験がない未就学児に比べ，他者がある特定の状況で抱く情動の理解が困難であることを示している．また，Pollakの研究では，身体的な虐待を受けた経験のある子どもは他者が表出する情動をすべて怒っていると勘違いしてしまう傾向があることや，怒り表情に対して敏感に反応してしまうことも明らかにされている（Pollak et al., 2000；Pollak and Tolley-Schell, 2003）．

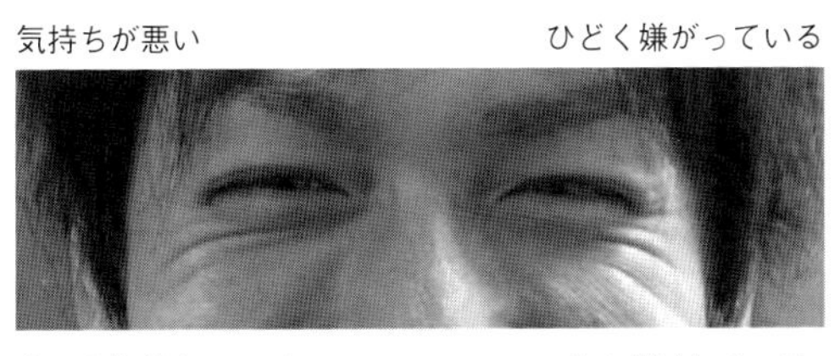

図 4.2　「目から心を読むテスト」で用いた課題（Koizumi and Takagishi, 2014）
参加者はこの写真を見て，その人物が感じている気持ちを推測した．写真のまわりに四つの選択肢（感情を表す言葉など）があり，参加者はいずれか一つを選択した．この写真は，実験で用いた写真に似せて，本書用に新しく撮影した．

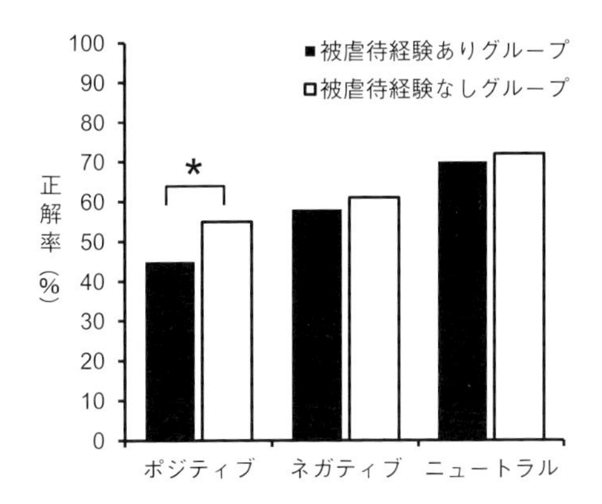

図 4.3　被虐待経験がある児童の表情理解に関する特徴（Koizumi and Takagishi, 2014 より作成）
被虐待経験がある児童は，被虐待経験のない児童に比べて，ポジティブな情動（快情動，例：幸せな気持ちでいる，優しい気持ちでいるなど）に関する表情の正答率が低いことが明らかになった．ネガティブな情動（不快情動，例：悲しんでいる，うろたえているなど）に関する表情，ニュートラルな表情（例：考えごとをしているなど）においては正答率に差はみられなかった（＊：統計的に有意，$p<0.01$）．

これらの研究では，4.1節で説明した6種類の情動が表出する顔写真や顔の絵を用いて子どもの他者情動理解を調べていたが，筆者らは，「目から心を読むテスト」（図4.2）を用いて，被虐待経験がある児童と被虐待経験がない児童の他者情動理解を比較する実験を行った（Koizumi and Takagishi, 2014）.「目から心を読むテスト」は日常で人が示す自然な表情に近い顔写真を用いているので，この課題の成績は他のテストよりも実生活で用いている認知能力を，より正確に反映している．これらのことから，被虐待経験がある児童はそうでない児童に比べて，「幸せな気持ちでいる」や「優しい気持ちでいる」といったポジティブな情動に関する表情理解が苦手であると考えられる．一方，「悲しんでいる」や「うろたえている」といったネガティブな情動に関する表情や，「考えごとをしている」といった感情表出とは関連しない表情に関しては，被虐待経験がない児童と成績に差はないと考えられる（図4.3）.

b.　環境への適応と顔表情理解

前述で述べたように，虐待家庭という過酷な環境で生活する子どもは，普通の家庭で暮らす子どもとは顔表情認知に関して異なる発達を示し，怒り表情へ敏感に反応することやポジティブな情動に関する表情を理解できない．被虐待児が示す独特な顔表情理解のパターンが生じる理由の一つとして，虐待家庭という環境への適応が考えられる．虐待家庭では，子どもにふりかかる危険は，一般の家庭と比べて頻繁かつ苛烈であり，危険を告げるシグナルに対して敏感に反応する必要がある．怒りなどの親のネガティブな表情は，親からの暴力を知らせるサインであるため，親の怒り表情に対して敏感に反応することは，彼らが身を守るのに重要な能力である．一方，笑顔などのポジティブな表情は，身の危険とはあまり関係がなく，それほど注意を向ける必要がないために反応が鈍いと考えられる．あるいは，虐待家庭においては親が子どもに対してポジティブな表情を向けることが少なかったり，虐待を受けている子どもはポジティブな情動を経験することが少ないために，ポジティブな情動に関する表情についての学習や経験が不足し，その理解に困難が生じているのかもしれない．

虐待の程度が重いほど，周囲の危険を多く見積もる傾向があることが示唆されている（Edmiston and Blackford, 2013）．虐待を受けた子どもは危険を回避するため，怒り顔に対して注意を向け，周囲の情報について危険度を高めに見積もり，情報が少ない段階でも怒りだと判断するという戦略を身につけていると考えられる．このような戦略は虐待家庭では，子どもが生命を守り，無事成人になるまで生き延びるのに有用であるだろう．しかし，このような戦略は，将来的には他者とのかかわりにおいて不利益になるかもしれない．人はふだん自分に対して好意を向けてくれる人には好意を，敵意を向けてくる人には敵意を抱く．他者の示す笑顔などの表情を理解できず，他者の感情を怒りや嫌悪のような敵意だと認知すれば，周囲の人との円滑なコミュニケーションは妨げられるだろう．また，虐待は世代間連鎖することが知られており，加害親の多くは自らも虐待を受けた経験をもつ．虐待の加害親はしばしば,子どもが通常の発達段階で普通に示す行動を，自分への悪意によるものであるとみなし，それによって生じた被害感情は，虐待を引き起こす引き金ともなりうる（西澤，1994；池田，1987）．

4.3　社会的認知の発達と遺伝要因

a.　オキシトシンと顔表情理解

オキシトシン（oxytocin）は，分娩時の子宮収縮や授乳時の乳汁分泌を促進する作用をもつホルモンであり，古くから女性における重要なホルモンとして研究されてきた．しかし，近年では男性にも存在し，脳内で作用して認知や行動に影響を与えていることが明らかになっている．オキシトシンは視床下部の室傍核，視索上核で合成され，下垂体後葉から分泌された後に血中を通って各器官へと作用すると同時に，脳内では神経伝達物質として働き，信頼行動，利他行動，愛着形成，他者情動理解といった社会性を促進する作用を有する（Buchheim et al., 2009；Kosfeld et al., 2005；Zak et al., 2007；Domes et al., 2007）．オキシトシンが人の社会性を調節していることに注目が集まるきっかけは，2005年の*Nature*誌の論文『オキシトシンは信頼を増加させる（Oxytocin increases human trust)』である．論文の著者らは，成人を対象にオキシトシンを鼻腔内投与する条件と，偽薬を投与する条件の人々の信頼行動を比較した．信頼行動の測定は信頼ゲームとよばれる，実際のお金を用いて見知らぬ他者をどの程度信頼してお金を預けるかを決める課題を用いて行われた．また比較条件として，ギャンブルのような社会的な場面ではない状況のリスク追求行動も測定した．実験の結果，オキシトシンを鼻腔内投与した参加者は，偽薬を投与した参加者より見知らぬ他者を信頼する傾向が高いことが明らかになった（Kosfeld et al., 2005）．一方，リスク追求行

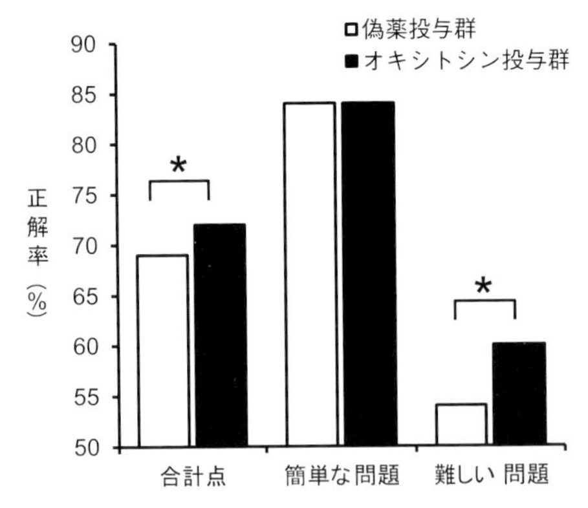

図 4.4 「目から心を読むテスト」の平均正解率（Domes et al., 2007 より作成）
実験では偽薬を鼻腔内投与する条件と，オキシトシンを鼻腔内投与する条件における平均正解率を比較した．偽薬投与群に比べてオキシトシン投与群の方が，「目から心を読むテスト」の難しい問題に対する平均正解率が高い（＊：$p<0.05$）．

動についてはオキシトシンを投与した条件と，偽薬を投与した条件の間に有意の差は見られなかった．これらの結果は，オキシトシンの信頼行動の促進効果は，単にリスク不安が抑制されたからではなく，他者の信頼性への不安が抑制されたからであると解釈された．オキシトシンが人間の社会性に与える影響については，信頼行動のみならず数多くの研究が行われている．成人を対象にしたオキシトシンの鼻腔内投与により「目から心を読むテスト」の成績が上昇すると報告されている（Domes et al., 2007）（図 4.4）．このようなオキシトシンの社会性促進の効果は，他者の情動理解が苦手であるとされている自閉スペクトラム症がある者（autism spectrum disorder）においても同様にみられる（Aoki et al., 2014；Watanabe et al., 2014）．これらの研究では，オキシトシンを自閉スペクトラム症がある成人に鼻腔内投与すると，他者の情動理解能力や，それに関係する脳機能の改善が見られることを報告している．

b. オキシトシン受容体遺伝子と顔表情理解

オキシトシン受容体にかかわるタンパク質をコードしているオキシトシン受容体遺伝子は，ヒトでは第三染色体（3p25）に位置し，四つのエクソンと三つ

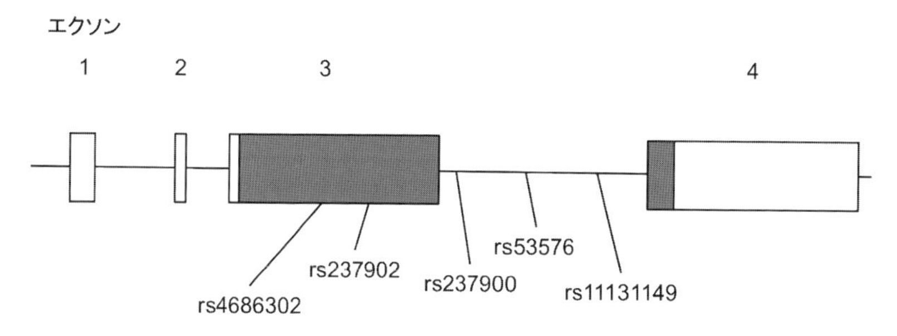

図 4.5　オキシトシン受容体遺伝子（Krueger et al., 2012 より作成）
一塩基配列である rs53576 は第 3 イントロンとよばれる場所に存在する．

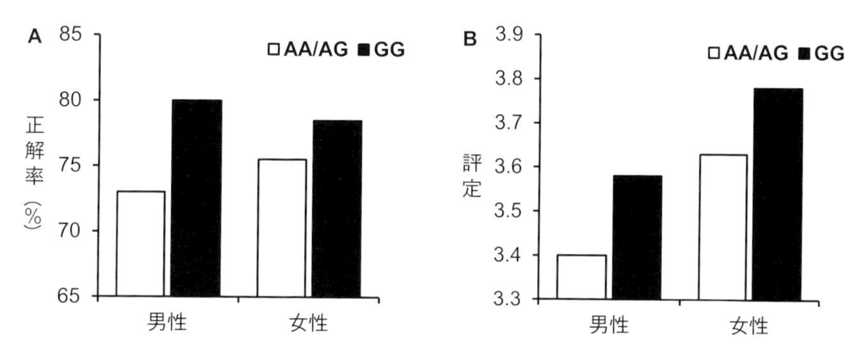

図 4.6　オキシトシン受容体遺伝子と他者理解（Rodrigues et al., 2009 より作成）
オキシトシン受容体遺伝子 rs533576 において GG 型をもつ人は AA 型，AG 型をもつ人よりも「目から心を読むテスト」の成績がよく（A），自身を共感性が高いと回答する（B）．

のイントロンからなる（図 4.5）．なかでも第 3 イントロンにある rs53576 とよばれる一塩基配列は AA 型，AG 型，GG 型という 3 種類の多型が存在することが明らかになっており，人の行動や心の働きとの関連が調べられている（Li et al., 2015；Nishina et al., 2015）．rs53576 の多型別に「目から心を読むテスト」の成績を比較すると，GG 型をもつ参加者は AA 型，AG 型をもつ参加者に比べて成績がよく，自分は共感性が高いと回答する傾向があると報告されている（Rodrigues et al., 2009）（図 4.6）．これらのことから，オキシトシン受容体遺伝子の多型が脳内におけるオキシトシン受容体の分布や量に関係することでオキシトシンの脳内での作用に影響を与え，他者の情動理解を促進したり阻害したりすることを示している．つまり，前節で示したように環境要因（養育環境）は他者情動理解に重要であるが，それと同時に遺伝要因（オキシトシン受容体遺伝子）も重要な働きを示すと考えられる．

4.4 反社会性パーソナリティ障害と社会的認知の障害

人は他者の顔表情理解を意識することなく行っているが，反社会性パーソナリティ障害とよばれる人は顔表情理解に特異的な傾向を示すことが報告されている（Blair and Coles, 2000；Blair et al., 2001；Kosson et al., 2002；Stevens et al., 2001）．反社会性パーソナリティ障害とは，深刻な共感性・道徳性の欠如や衝動性・無計画な行動を見せる複合的なパーソナリティ障害がある人で（Hare, 2003），近年の疫学調査では男性の0.75%，また刑務所にいる受刑者の20%が反社会性パーソナリティ障害であることが示されている（Blair et al., 2005；Hare, 1993）．反社会性パーソナリティ障害研究の第一人者であるBlairは，6種類の情動が表出された顔写真を用いて，児童の反社会性パーソナリティ障害傾向と顔表情理解の間の関係を検討し，反社会性パーソナリティ障害傾向が高い児童ほど他者の悲しみ表情と恐怖表情を認識できない傾向があることを明らかにした（Blair and Coles, 2000）．またほかの研究では，顔写真からその人物が抱いている情動を回答する方法ではなく，無表情の写真から情動表出の写真へと徐々に変化するモーフィング画像を作成し，反社会性パーソナリティ障害傾向の高い児童がどの段階でそれぞれの情動を認識するかを検討した．かりに，先に述べたように，反社会性パーソナリティ障害傾向が高い児童は他者の悲しみ表情や恐怖表情の理解が困難であれば，無表情から悲しみ表情，そして無表情から恐怖表情へと変化する写真の判断が遅れると予測される．つまり，表情が徐々に変化しても，それが悲しみ表情（もしくは恐怖表情）であるという理解がなかなかできないというわけである．これらの結果は予測どおりであり，反社会性パーソナリティ障害傾向の高い児童は，悲しみ表情の判断が遅れ，恐怖表情においては別の情動だと誤答する傾向が強いことが示された（Blair et al., 2001）．また，成人を対象にした研究でも，反社会性パーソナリティ障害傾向が高い人ほど他者の恐怖表情を理解できないことが明らかになっている（Blair et al., 2004）．一方，矯正施設や刑務所に服役している反社会性パーソナリティ障害と診断された男性と，地域で暮らす反社会性パーソナリティ障害と診断されていない男性における他者の顔表情理解を比較した研究では，反社会性パーソナリティ障害と診断された者はそうでない者に比べて他者の嫌悪表情の理解が困難であることが示されている（Kosson et al., 2002）．Blair et al.の研究では悲しみ表情と恐怖表情，Kosson et al.の研究では嫌悪表情といった違いはあるが，反社会性パーソナリティ障害の人は他者のネガティブな情動表出の理解が困難であることは間違いないようであり，それらの傾向は扁桃体の機能異常が原因であるとされている（Blair et al., 2005）．

4.5 「心の理論」の異常と犯罪

a. 他者の信念理解と心の理論

他者が抱く情動（emotion）を推測することと同様に，他者がもつ信念（belief）を推測することも社会生活を円滑におくる上で非常に重要な認知能力である．たとえば，友人と2人で買ってきたお菓子をあなたがすべて食べてしまった場合，

図 4.7 「心の理論」の課題

「心の理論」の有無の測定にはさまざまな方法があるが，代表的な測定法の一つとして誤信念課題（false belief task）がある．誤信念課題は登場人物の視点に立つことができないと正解することができない．図の例であれば，4番目の絵まで見た後に，参加者に対して三つの質問をする（質問1「ヒロシくんは，ヨウコさんがどこを探すと思っていますか？」，質問2「本当は，ヨウコさんはどこを探しますか？」，質問3「最初，ヨウコさんはお人形をどこにしまいましたか？」）．登場人物の視点に立つことができれば，質問1は「カゴ」，質問2は「箱」，質問3は「カゴ」と正しく回答することができる．

あなたは，自分がお菓子を食べてしまったことに対して，友人は怒ったり悲しんだりすると予測する．また同時に，友人は自分に対して「嫌なやつだ」と考えたり「卑しいやつだ」と考えたりすることも予測するだろう．心の存在を仮定して他者を理解する認知能力のことを「心の理論」(theory of mind) とよぶ (Premack and Woodruff, 1978)．人は他者を理解するときに意識することなく，他者のなかに独立した心の存在を仮定し，他者の行動の原因をその心に帰属させている．近年では，「情動的な心の理論」(affective theory of mind) と「認知的な心の理論」(cognitive theory of mind) を区別して研究が進められている (Kalbe et al., 2010)．少し混同しやすいが，恐怖表情や悲しみ表情の理解は共感 (empathy) とよばれる心の働き (第3章を参照) によると考えられており，自動的な反応である．一方，ある特定の状況でその人がどのような情動を抱くかを意識的に推測する心の働きは「情動的な心の理論」とよばれる．また，「認知的な心の理論」とはおもに他者の信念，知識，意図，目的などを推測する心の働きを指しており，本書では「心の理論」という言葉を「認知的な心の理論」として用いる (図4.7)．

b. 反社会性パーソナリティ障害と「心の理論」

これまでの研究によれば，反社会性パーソナリティ障害と診断された者は他者への共感能力に障害があることが明らかになっているが，「心の理論」に関してはどうだろうか．これまでいくつかの研究によって，反社会性パーソナリティ障害には「心の理論」の異常は認められないという結果が報告されている (Blair, 2005)．反社会性パーソナリティ障害の特徴に「他者を偽りだます」，「他者を操作したがる」傾向があるが，他者をだましたり操作したりするには，むしろ他者の信念や意図を正しく理解しなくてはならない．「心の理論」の異常が犯罪へとつながるプロセスはこれまでほとんど議論されなかったが，「心の理論」の異常によって人が共有している信念体系としてのルール (社会規範) を理解できなくなるのであれば，犯罪行為をしてしまう可能性は考えられる．しかし，その場合は，犯罪行為に対する意図性の問題が生じるので，その行為が犯罪か否かは非常に難しい判断になる．

4.6　危機の認知と犯罪

a.　社会的リスクと扁桃体

扁桃体は，ヘビやクモのような外敵への反応のみならず，他者からの裏切りのような社会的な場面におけるリスクに対しても敏感に応答する．Koscik and Tranel（2011）は，両側の扁桃体に損傷のある参加者を対象に信頼ゲーム（trust game）という経済ゲームを実施し，社会的なリスクが存在する状況での人の行動を測定した．信頼ゲームとは2人1組でお金のやりとりを行うゲームである．まず初めに片方のプレイヤー（信頼者）が実験スタッフから受け取ったお金（例：3000円）を相手（分配者）へ預けるかどうかを決定する．信頼者が3000円を分配者へ預けた場合，3000円は実験スタッフの手によって3倍の額に増やされる．

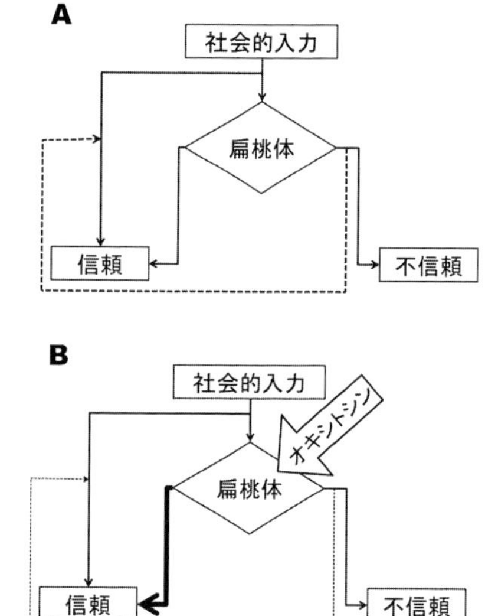

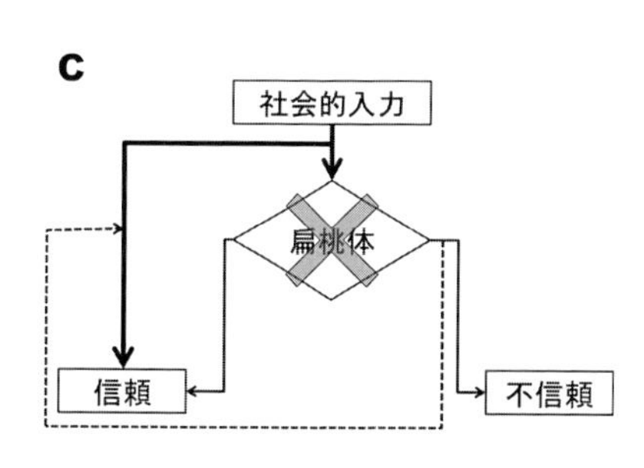

図4.8　信頼行動における扁桃体の役割（Koscik and Tranel, 2011より作成）
A：基本的に人は他者を信頼する傾向をもつ．それと同時に扁桃体が社会的情報に基づき，その人が信頼できるかどうかを判断する．相手が信頼に値しない場合は，扁桃体は信頼行動を抑制する．
B：オキシトシンの投与は扁桃体の他者評価をポジティブなものへシフトさせる働きをもつ．その結果，人は他者を信頼するようになる．
C：扁桃体が存在しない場合，社会的情報からの判断がされないために，基本的な他者への信頼傾向がそのまま示される．

次に,分配者は3倍にされたお金(9000円)を自由に自身と信頼者との間で分ける.この場合,9000円をすべて自分のものにしてもいいし,9000円を信頼者へ返してもいいし,4500円ずつ2人で分けてもよい.信頼者が分配者へ3000円を預けなかった場合は,信頼者は3000円を受け取る.このゲームでは,信頼者は確実に3000円を手に入れたいか,3000円を分配者へ預けて3000円以上のお金を分けてもらいたいかを選択することになる.しかし,分配者から3000円以上分けてもらえる保証はないため,裏切られてお金をすべて失ってしまう可能性もある.つまり,このゲームは社会的なリスクが存在する状況での他者への信頼行動を測定しているのである.

通常,信頼ゲームは見ず知らずの者どうしがお互い顔を合わせることがない状況で行われるために,相手がどのくらい信用のおける人物かを判断する材料は存在しない.したがって信頼者の行動は,人がもっている他者一般に対する信頼感と裏切られてお金を失ってしまうことへの恐怖との兼ね合いによって決定されると考えられる.たとえば,他者一般に対する信頼感が高かったとしてもお金を失うことへの恐怖が高ければ,その人は信頼ゲームにおいて分配者へお金を預けることはしないだろう.実験の結果,扁桃体に損傷のある参加者は,損傷のない参加者に比べてお金を分配者へ預ける傾向が高いことが明らかになった.興味深いことに,扁桃体に損傷のある参加者はお金を返されなかったという経験をしても,同じ分配者へお金を預けてしまう傾向も見られた.この傾向は,扁桃体に損傷のない参加者では見られなかった.なぜ,扁桃体に損傷のある参加者は一度裏切られた分配者を続けて信頼してしまうのだろうか.人は日々暮らしていくなかで,他者にだまされた場合,その人に対してふたたびだまされないように警戒する.しかし,扁桃体を損傷した場合,続けて裏切られる恐怖を感じないため,その人を警戒しないと考えられる.一度裏切りを経験しても恐怖を感じないというのは驚きの結果である(図4.8).

b.　扁桃体と損失回避

一般的に人はお金を得たときに感じる満足感よりもお金を失ったときに感じる嫌悪感の方を強く評価する傾向がある(Kahneman and Tversky, 1979).たとえば,確実に1000円が手に入るという選択肢A(確実選択)と,50%の確率で2000円が手に入るが,50%の確率で何ももらえないという選択肢B(不確実選択)

のいずれかを選択しなければならないという状況があったとする．いずれの選択肢も期待値は1000円であるため，確率的にはどちらを選んでも手に入る金額は同額であるが，実験をしてみると多くの人は選択肢A（確実選択）を選択する．また二番目の問題として，確実に1000円を失うという選択肢C（確実選択）と，50%の確率で2000円を失うが，50%の確率で何も失わないという選択肢D（不確実選択）があったとする．先ほどの問題と同様に，いずれの選択肢も期待値はマイナス1000円であるため，確率的にはどちらを選んでも失う金額は同額であるが，多くの人は選択肢Dを選択する．

一方の問題では確実選択を選び，もう一方の問題では不確実選択を選ぶという結果は，一見すると一貫していない選択のようである．しかし，人は「お金を失いたくない」という恐れを強くもっていると考えれば，この二つの問題に対する結果をうまく説明できる．つまり，最初の問題においては，「50%の確率で何ももらえない」という結果を回避するために選択肢Aを選び，二番目の問題においては「確実に1000円を失う」という結果を回避するために選択肢Dを選んだというわけである．このような利益よりも損失を重視する傾向を損失回避（loss aversion）とよび，人が行う経済的な意思決定に影響を与える心理メカニズムとして重視されている．株式投資において，人は利益が生じた場合は株を早めに売って利益を確定させたいと思い，損失が生じた場合はその株は売りたくないと思う傾向があることは，株式投資をした人であれば直感的に理解できるだろう．この状況でも，人がもつ「お金を失いたくない」という強い気持ちが，前者においては株の値が下がってしまう前に売ってしまうという心理を生じさせ，後者においては株の値が上がるまで待ってみようという心理を生じさせるのである．また，このような損失回避は扁桃体に損傷のある人においては見られない（De Martino et al., 2010）．つまり，扁桃体は社会的な状況におけるリスクのみならず，経済的なリスクに対しても警戒するように機能している．

c. 扁桃体と他者の信頼性判断

扁桃体がもつもう一つの重要な機能として，他者の顔の信頼性判断がある．目の前にいる他者が自分をだまそうとしているかどうかを正確に見きわめることは，詐欺などの犯罪に巻き込まれないためにも重要な問題である．Freeman et al.（2014）は，他者の顔の信頼性を判断させる課題を行っている際の脳活動を

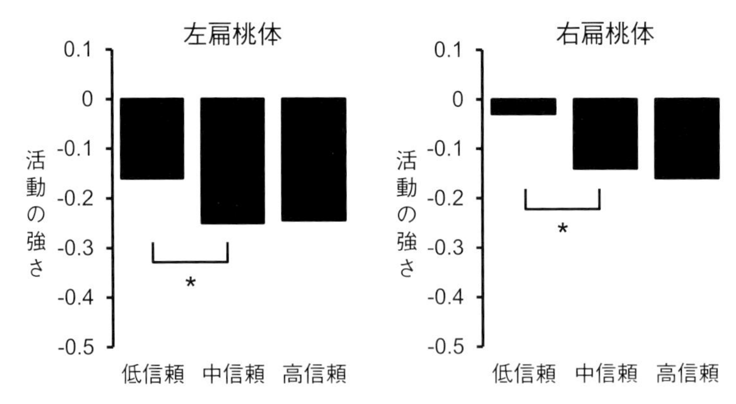

図 4.9　扁桃体と信頼性判断（Freeman et al., 2014 より作成）
平均的に信頼できると判断された人（中信頼）や信頼できると判断された人（高信頼）に比べて，信頼できないと判断された人（低信頼）の写真を見た際に扁桃体は強く活動する（*：$p<0.05$）．

fMRI 装置にて測定し，信頼できないと判断した顔を見た際に扁桃体の活動が増大することを明らかにした（図 4.9）．さらに扁桃体の活動は，本人が知覚できないほどすばやく写真が提示された場合（約 0.03 秒）においても見られた．これらのことは，他者の顔の信頼性判断は本人が意識する前に扁桃体によって瞬時に行われていることを示している．また，扁桃体に損傷のある人は，他者の顔による信頼性判断ができないことも明らかになっている（Adolphs et al., 1998）．これらの研究は，扁桃体の機能に異常が生じた場合に，他者が信頼できるか否かを判断できなくなるため，犯罪に巻き込まれやすくなることを示唆している．

d.　扁桃体の機能異常と犯罪

ここまで，扁桃体は，①社会的なリスクに対する恐怖，②お金を失うことに対する恐怖，③他者の顔の信頼性判断といったように，さまざまな危機に対するアラームの役割として機能していること，そして，扁桃体に損傷のある人はこれらが正しく機能しないことを説明した．日常生活において社会的なリスクに対する恐怖が感じられず，他者の信頼性判断ができなければ，他者からだまされたり裏切られたりする機会が増えるのは当然のことである．また悪意のある者に利用されてしまう機会も多くなるかもしれない．このように扁桃体の危機に対するアラームが機能しなければ，本人が知らないうちに，いつのまにか犯罪に巻き込まれてしまう可能性が高くなるだろう．また，お金を失うことに対する恐怖が感じられないのであれば，リスクの高いギャンブルが止められなくなったり，その元手として返済できる限度を超えた資金を借りてしまったりする可能性が高くなるだろう．

4.7　情動制御の異常と犯罪

a.　最後通告ゲームと感情

人の情動制御能力を調べる課題として，最後通告ゲーム（ultimatum game）とよばれる経済ゲームがある．このゲームは2人1組になってお金のやりとりを行う．まず，片方（分配者）が実験スタッフから受け取ったお金を，自分ともう片方（受け手）との間でどのように分けるかを提案する．その後，受け手は分配者が決めた分け方を見て，その分け方を受け入れるか拒否するかを決める．受け手が受け入れた場合，両者は分配者が決めたとおりのお金を受け取るが，受け手が拒否した場合，両者は何も受け取ることができない．つまり，分配者が1000円を自分に800円，受け手に200円分けると提案した場合，受け手が受け入れれば分配者が800円，受け手が200円を受け取ることができる．しかし，受け手が拒否すれば分配者も受け手も0円になってしまうというゲームである．この状況

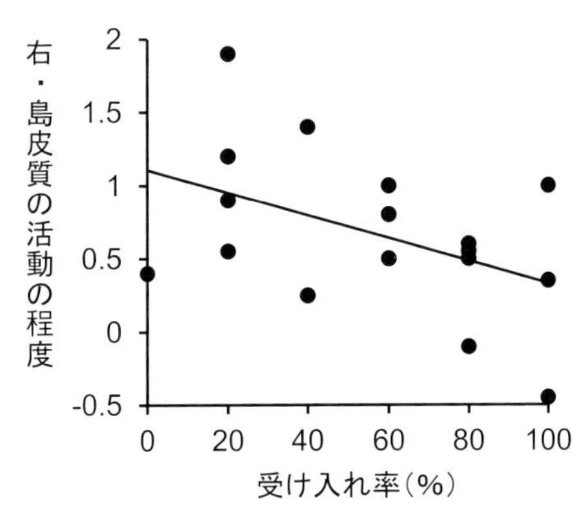

図4.10　島皮質と不公平提案（Sanfey et al., 2003より作成）
不公平提案を見た際に左右の島皮質とよばれる場所が活動する．また右側の前部島の活動が大きい人ほど，不公平提案の拒否率が高い．

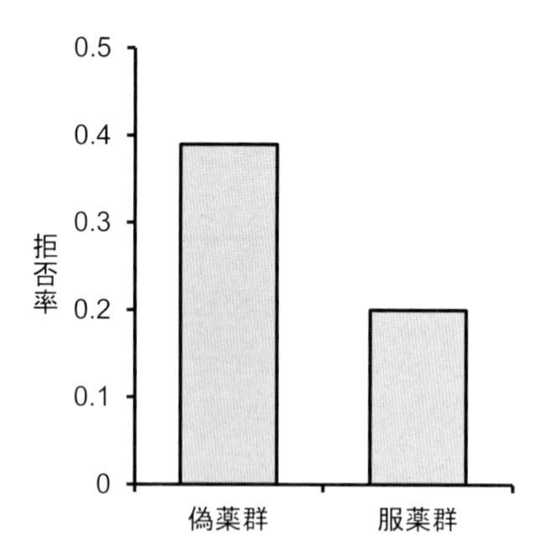

図 4.11　扁桃体と不公平提案（Gospic et al., 2011 より作成）
抗不安薬を口腔摂取したグループ（服薬群）は，偽薬を口腔摂取したグループ（偽薬群）に比べて不公平提案の拒否率が低い傾向にあり，不公平提案を見た際の扁桃体の活動が弱まる．

では，受け手は1円以上自分に分けてくれるのであれば拒否するよりも受け入れる方が得になる．しかし，実際に実験を行ってみると，分配者に8割（800円），受け手に2割（200円）という提案は，およそ半数の受け手に拒否されることが明らかになっている（Camerer, 2003）．

なぜ，人はわざわざ損をする選択をしてしまうのだろうか．Sanfey et al. (2003) はfMRI装置を用いた研究によって，不公平な提案を見た際に島皮質が強く活動した人ほど不公平提案を拒否する傾向があることを示した（図4.10）．島皮質は他者の嫌悪表情の理解や自身が抱く嫌悪感と関連を示していることはすでに述べたが，Sanfey et al. は実験の結果に基づき，受け手に割り当てられた人は不公平提案に対して嫌悪感を抱いたために，分配者の提案を拒否したと解釈した．つまり，受け手は，提案を受け入れて200円を手にした方が得だということは理解しつつも，嫌悪感を抑えることができなくなったために拒否したというわけである．最後通告ゲームでの不公平提案の拒否行動と島皮質の活動は他の論文（Tabibnia et al., 2008）でも報告されているが，Gospic et al. (2011) は，抗不安作用をもつ薬剤を参加者が経口摂取すると，扁桃体の活動が抑えられると同時に，最後通告ゲームでの不公平提案の拒否率が減少することを明らかにした（図4.11）．これらのことは，不公平な提案はネガティブな情動を喚起し，それが拒否行動を引き起こすことを示している．

b.　最後通告ゲームと感情制御

最後通告ゲームの例のように，人は他者から不当な扱いを受けた場合に，怒りや嫌悪などのネガティブな情動が喚起され，時にその人へ攻撃行動を行うことがある．しかし，現代社会ではネガティブな情動はむしろ抑制すべきであるという共通認識も存在するため，多くの場合，ネガティブな情動を制御し，攻撃行動を抑制している．確かに不当に扱われた人への攻撃行動は一般的には復讐，私怨と解釈され，多くの人から好ましくないという評価を得てしまうことがある．

近年，そのような情動制御（emotion regulation）と不公平提案の拒否行動の関連を明らかにする研究も進められている．腹内側前頭前皮質（ventromedial prefrontal cortex）は情動制御の役割を果たしている脳部位であり，事故や病気などによって腹内側前頭前皮質が損傷を受けると，人は情動をコントロールできなくなってしまうことが明らかになっている．Koenigs and Tranel（2007）は，腹内側前頭前皮質に損傷のある人は，脳損傷のない人に比べて最後通告ゲームでの不公平な分配の拒否率が高い傾向があることを報告した（図4.12）．腹内側前

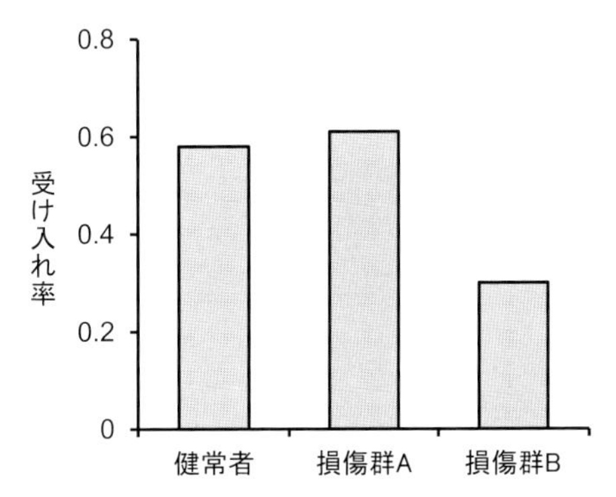

図4.12　感情制御と不公平提案（Koenigs and Tranel, 2007より作成）

損傷群A：腹内側前頭前皮質以外を損傷した患者，損傷群B：腹内側前頭前皮質のみを損傷した患者．腹内側前頭前皮質を損傷した人は不公平提案の拒否率が高くなる傾向がある．

頭前皮質に損傷のある人は，不公平な分配に対して引き起こされたネガティブな情動を制御することができなかったため，不公平な分配の拒否率が高くなったと考えられる．また，刑務所へ収容された反社会性パーソナリティ障害も腹内側前頭前皮質に損傷のある人と同様に，最後通告ゲームにおいて不公平な分配の拒否率が高いことも明らかにされている（Koenigs et al., 2010）．これらのことは，反社会性パーソナリティ障害の攻撃性の高さを支持する結果であり，それと同時に反社会性パーソナリティ障害の示す高い攻撃性は腹内側前頭前皮質の機能異常が原因であることを示唆する．

おわりに

本章では，服役する反社会性パーソナリティ障害の社会的認知や社会行動の特徴を明らかにした研究を紹介することで，犯罪傾向と関連する心の特徴について述べた．確かに，反社会性パーソナリティ障害と診断された人は上述したような認知や行動の特徴を有し，扁桃体や腹内側前頭前皮質の機能異常といった生物学的な障害を示す者が多い．しかし，かりにある人がそのような傾向をもっているからといってただちに反社会性パーソナリティ障害のように犯罪を犯すかというと，必ずしもそうでないだろう．犯罪はさまざまな要因が絡み合って生じると考えられ，ある単一の要因に障害があるために引き起こされるとは限らない．また多くの研究は，反社会性パーソナリティ障害と関連する心の特徴を明らかにする相関研究であるため，因果関係にまで踏み込んで議論することは現段階では難しい．今後，反社会性パーソナリティ障害を対象にしたさまざまな研究により，犯罪傾向と心の特徴の因果関係が明らかになることを期待したい．　［高岸治人］

文　献

Adolphs R et al：The human amygdala in social judgment. *Nature* **393**, 470–474, 1998.

Baron-Cohen S et al：The "Reading the Mind in the Eyes" test revised version：A study with normal adults, and adults with Asperger syndrome or high-functioning autism. *J Child Psychol Psychiatry* **42**(2), 241–251, 2001.

Blair RJR：Responding to the emotions of others：dissociating forms of empathy through the study of typical and psychiatric populations. *Conscious Cogn* **14**(4), 698–718, 2005.

Blair RJR, Coles M：Expression recognition and behavioural problems in early adolescence. *Cognit Dev* **15**, 421–434, 2000.

Blair RJR et al：A selective impairment in the processing of sad and fearful expressions in children with psychopathic tendencies. *J Abnorm Child Psychol* **29**(6), 491-498, 2001.

Blair RJR et al : The Psychopath : Emotion and the Brain. Blackwell Publishing, 2005.

Buchheim A et al : Oxytocin enhances the experience of attachment security. *Psychoneuroendocrinology* **32**(9), 1417-1422, 2009.

Calder AJ et al : Impaired recognition and experience of disgust following brain injury. *Nat Neurosci* **3**(11), 1077-1088, 2000.

Camerer CF : Behavioral Game Theory : Experiment in Strategic Interaction. Princeton : Princeton University Press, 2003.

De Martino B et al : Amygdala damage eliminates monetary loss aversion. *PNAS* **107**(8), 3788-3792, 2010.

Domes G et al : Oxytocin improves "mind-reading" in humans. *Biol Psychiatry* **61**(6), 731-733, 2006.

Edmiston EK, Blackford JU : Childhood maltreatment and response to novel face stimuli presented during functional magnetic resonance imaging in adults. *Psychiatry Res* **212**(1), 36-42, 2013.

Ekman P, Friesen WV : Constants across cultures in the face and emotion. *J Pers Soc Psychol* **17**(2), 124-129, 1971.

Feinstein JS et al : The human amygdala and the induction and experience of fear. *Curr Biol* **21**(1), 34-38, 2011.

Freeman JB et al : Amygdala responsivity to high-level social information from unseen faces. *J Neurosci* **34**(32), 10573-10581, 2014.

Gospic K et al : Limbic justice—amygdala involvement in immediate rejection in the ultimatum game. *PLOS Biol* **9**(5), e1001054, 2011.

Hare RD : Without Conscience : The Disturbing Would of Psychopath Among Us. Atria, 1993.

Hare RD : Manual for the Revised Psychopathy Checklist, 2nd ed. Multi-Health Systems, 2003.

池田由子：児童虐待ーゆがんだ親子関係．中公新書，1987.

Kahneman D, Tversky A : Prospect theory : An analysis of decision under risk. *Econometrica* **47**, 263-292, 1979.

Kalbe E et al : Dissociating cognitive from affective theory of mind : a TMS study. *Cortex* **46**(6), 769-780, 2010.

Koenigs M, Tranel D : Irrational economic decision-making after ventromedial prefrontal damage : evidence from the Ultimatum Game. *J Neurosci* **27**(4), 951-956, 2007.

Koizumi M, Takagishi H : The relationship between child maltreatment and emotion recognition. *PLOS ONE* **9**(1), e86093, 2014.

Koscik TR, Tranel D : The human amygdala is necessary for developing and expressing normal interpersonal trust. *Neuropsychologia* **49**(4), 602-611, 2011.

Kosfeld M et al : Oxytocin increases trust in humans. *Nature* **435**(7042), 673-676, 2005.

Kosson DS et al : Facial affect recognition in criminal psychopaths. *Emotion* **2**(4), 398-411, 2002.

Krueger F et al : Oxytocin receptor genetic variation promotes human trust behavior. *Front Hum Neurosci* **6**, 4, 2012.

Morris JS et al : A differential neural response in the human amygdala to fearful and happy facial expressions. *Nature* **383**(6603), 812-815, 1996.

Nishina K, Takagishi H, Inoue-Murayama M, Takahashi H, Yamagishi T：Polymorphism of the oxytocin receptor gene modulates behavioral and attitudinal trust among men but not women. *PLOS ONE* **10**(10), e0137089, 2015.

西澤　哲：子どもの虐待―子供と家族への治療的アプローチ．誠信書房，1994.

Pears KC, Fisher PA：Emotion understanding and theory of mind among maltreated children in foster care：Evidence of deficits. *Dev Psychopathol* **17**, 47–65, 2005.

Phillips ML et al：A specific neural substrate for perceiving facial expressions of disgust. *Nature* **389**(6650), 495–498, 1997.

Pollak SD et al：Recognizing emotion in faces：Developmental effects of child abuse and neglect. *Dev Psychol* **36**, 679–688, 2000.

Pollak SD, Tolley-Schell SA：Selective attention to facial emotion in physically abused children. *J Abnorm Psychol* **112**, 323–338, 2003.

Premack DG, Woodruff G：Does the chimpanzee have a theory of mind? *Behav Brain Sci* **1**(4), 515–526, 1978.

Rodrigues SM et al：Oxytocin receptor genetic variation relates to empathy and stress reactivity in humans. *PNAS* **106**(50), 21437–21441, 2009.

Sanfey AG et al：The neural basis of economic decision-making in the ultimatum game. *Science* **300**(5626), 1755–1758, 2003.

Stevens D et al：Recognition of emotion in facial expressions and vocal tones in children with psychopathic tendencies. *J Genet Psychol* **162**(2), 201–211, 2001.

Tabibnia G et al：The sunny side of fairness preference for fairness activates reward circuitry (and disregarding unfairness activates self-control circuitry). *Psychol Sci* **19**(4), 339–347, 2008.

Tost H et al：A common allele in the oxytocin receptor gene (OXTR) impacts prosocial temperament and human hypothalamic-limbic structure and function. *PNAS* **107**(31), 13936–13941.

Watanabe T et al：Mitigation of sociocommunicational deficits of autism through oxytocin-induced recovery of medial prefrontal activity：a randomized trial. *JAMA Psychiatry* **71**(2), 166–175, 2014.

Zak P et al：Oxytocin increases generosity in humans. *PLOS ONE* **2**(11), e1128, 2007.

5

犯罪の治療：情動へのアプローチ

「犯罪行動」という大きなカテゴリーのなかには,「住居侵入」,「違法薬物使用」,「窃盗」から,「執拗な嫌がらせ等ストーキング行為」,「放火」,「性犯罪」,「暴行・傷害」,「殺人」まで，多種多様な犯罪がある．こういった行為を行った者に対して治療の機会が与えられる場合，残念ながら治療は初めての犯行の後ではなく，2 回以上同様の行為を繰り返した後に開始されることが多い．治療を始める際はその犯罪行為へ傾倒させる特徴を探ることとなるが，それぞれの犯罪で加害者の特徴やその特徴に基づいたアプローチ方法はすべて異なる．筆者の場合，「性的な行動や感情を含む犯罪」，ついで「嫌がらせの行動」を繰り返し行う男性にかかわることが多いため，本章ではそういった者との臨床経験に基づくことを前提として読んでいただきたい．

5.1　考慮すべき点

犯罪にかかわったクライエント（client：依頼人）と作業を開始するにあたり，いくつか考慮しておくべき点がある．

まず，治療目標の設定と「治療失敗」の可能性の場合に関するセラピストの感情である．一般の臨床とは異なり，裁判関連のクライエントの治療は，規律侵害のさまざまな行動を変容させることが治療目的の一つとして追加される（Bonta, 2002）．再犯や被害の発生，セラピスト（therapist：治療専門医）のクライエント以外の人間が被害を受ける可能性がつねにある．その可能性がセラピストにかける心的負担も大きい．そういった可能性を踏まえると，セラピストがセッション（session：面談）を進める際，クライエントに対して「再犯」に対する恐怖心が高まり，適切なタイミングで介入することを躊躇してしまったり，必要以上に指示的になるなど，影響が現れ，治療効果が限定されるかもしれない．したがって，犯罪を犯した者が規律やモラル，法律を侵害する行動を変容できるよう心理療法(セラピー)を効果的なものにするにあたり，二つの大きな目標があげられる．第一に，治療者はその行動を起こした本人を癒すというセラピーの大前提を忘れてはならないことである．クライエントの痛みやもがきについてクライエントと一緒になり，同じ目線で付き合っていくことは，加害行為をしたことがないクライエントに対する心理療法となんら変わらないうえに，変えるべきでない．第二に，再犯防止に向けた行動を習得するための援助である．この二つは同一ではなく，かつ相互包括的（mutually inclusive）である．再犯防止はセラピーの唯一の目的ではない．もう一つの重要な目的はクライエントが抱えているものを癒し，人生をより充実したものにする手助けをすることである．したがって，セラピスト自身は，「目標」設定に対するセラピストの感情のもち方によってセッションのあり方が大きく変わることを考慮しておくべきである．

セラピストとしても，探究心や好奇心をもち，つねに心を開いた状態にあり，バイアス（先入観）をできるだけ最小限にしながらクライエントの話を聞いていく必要がある．

そのためには，治療者自身が自分のバイアスに気づいておくことが大切である．対象となるクライエントは犯罪行為を行ったり他者を傷つけたりした者である．悲劇に対して人が感情的なリアクションをもつことは自然であり，これは臨床家にも起こることである．これに関して，クライエントが語る悲劇的またはトラウマティックな（traumatic：精神的外傷性の）内容自体や，それを語るクライエントの態度に極度に反応してしまい，理解しようという気持ちが枯渇する“compassion fatigue”（同情疲労）（Figley, 2002；Joinson, 1992）という状態に陥り，臨床的判断を損なう原因となる場合もある．そういったバイアスが臨床的症状のみについてだけでなく，犯罪的要因，つまり危険な他害的行動に及ぶ可能性について評価する際に影響を与える可能性がつねにある．また，当然ながら，暴力的な犯罪行為の内容を繰り返し詳細に聴くことはセラピストにとってトラウマティックな経験になりうるうえ，横暴な態度や反社会的な態度を目の当たりにすると，強い怒りとともにクライエントに罰を与えたいという処罰感情が生まれることもしばしばある．また，犯罪者治療においては，ほかの治療場面よりもセラピストが「燃え尽き症候群」（burnout syndrome）を経験することも多い．セラピストとしての倫理であるセルフケアの重要性は当然のこととしても，この分野で治療を行い続けていくなかで感情的に非常に辛い経験となりえることを，これから犯罪者の治療にあたろうとしている治療者には注意しておきたい（Moulden and Firestone, 2007）．

危険な行動を多数回起こしたことのあるクライエントとかかわる際，セラピスト-クライエント間の信頼関係がもっとも重要な治療基盤であることは確かであるが，セラピスト自身の安全を確保し，クライエントとセラピスト自身を守るためにつねに慎重にふるまわなければならない．セラピー内外で必要以上に近しくふるまったりそのようにほのめかしたりしないように注意し，そう解釈されかねない言動を極力避けなければいけない．たとえば，つねに自身の言語的・非言語的シグナルを意識し，クライエントが過剰に否定的扱いまたは特別扱い等を受けていると解釈していないかどうかを注意しておく必要がある．とくに，セラピー終了時期が近づくにつれ，愛着システムが活性化され，愛着不安が引き起こされやすいクライエントに対しては，クライエントを見守りながらも一定の物理的距離を保ち，身体的攻撃の対象にされないように警戒感をもちつつプロフェッショナルとしてふるまうことが，最終的にお互いを守ることになる．信頼関係の重要性は後述するとおりであるが，身体的接触（握手など）を介さないうえでの信頼関係であるべきである．

その他，このポピュレーション（患者群）の治療や評価にかかわる治療者としての倫理規範（ethics code）（Werth et al., 2009）や能力（competency）（Seeler et al., 2013；Welfel, 1998）についての詳細な考察については，文献を参照されたい．

5.2 アセスメント

セラピーを始めるきっかけとなったできごとの内容によって，セッションの進め方は大きく異なる．たとえば，逮捕や裁判等，刑事的ないし組織的命令等を受けている等外的要因が働いている（治療を受けないと示談不成立や解雇につながるなど）場合もあれば，クライエントが自身の感情や対人的問題等をある程度自覚しており，そのような内的要因が働いている場合もある．両者とも必ずしもクライエントが自身の問題や課題に気づいているとは限らず，犯罪関連のヒストリーをもつ個人がセラピーを開始する理由の大部分は，外的要因が働いている場合であると思われる．したがって，どのような心理的課題が自分にあるのかということをセッション初期から強く自覚させていく必要がある．

暴力的または加害的な行動の既往がある個人がセラピーを進めるにつれ，複数の問題行動が現れてくることもめずらしくない．たとえば，家族や血縁者以外の者に対する攻撃行動，酩酊状態でのセッション参加，無断欠席やにわかに信じがたい欠席理由，セッション代未払い，セラピストに対する敵対的態度やその他の反抗的問題行動等，さまざまである（Sonkin and Dutton, 2003）．慢性的にルールを破る行動や他害的行動をしている成人の場合，相当に重大な喪失やその他の否定的結果を経験するまで，自身の問題について自覚していないことが多い（Seeler et al., 2014）．心理療法では，これらの行動をもたらしているクライエントの痛みを理解し支援していくと同時に，問題的行動を継続させないために，クライエントが変わっていけるように促していく．セラピーに対する「妨害行動」や「変化への抵抗」とみなしたままにするのではなく，セッションでの「問題行動」を一つ一つこれまでの行動と照らし合わせ，責任感や配慮が欠けている点を明確にして直視させていき，自身の心理的課題につなげて考えさせることもある（Samenow, 1984）．

セラピーや医学的治療を開始するにあたり，慎重なアセスメント（assessment：状況判定）を実施し，クライエントの心理的特性，リスク評価，将来の行動予測等を評価する（セラピーに必要なアセスメントの詳細についてはここでは述べない）．その結果を本人にある程度伝える必要がある．クライエントの判断や行動に影響が出ていること，家族や友人から疎遠になっていること，くだされる刑罰の可能性，他者への被害など，将来長期にわたって深刻な影響が出るであろうということを理解させる．これらの状態がさらに悪化する前にセラピーを活用する必要がある（Seeler et al., 2014）．そして，今後の治療やセラピーの方針や方向性について提案する．「治療」部分でセラピーの目標設定については後述するが（5.4 節），アセスメントやフィードバックの時点でも自身にとって何が問題となっていて，どのようにそれらを変えていきたいのかをクライエントが明確に述べられるように援助する必要がある．

セラピー開始後も，自身の現状や過去の行動が引き起こした問題，今後の改善等，課題の意識づけやゴール設定をしばしば繰り返していく．それでもなお問題に対する意識づけや動機づけが低下してつねに逆戻りの可能性があることを頭に入れておくべきである．犯罪行動が問題になっているだけでなく，合併しているうつや不安，薬物使用などの精神疾患が再犯防止努力や治療全体を停滞させる場合もある．そのなかでうつや不安行動と犯罪行動を起こしている心理的背景の共通点を見つけ，あらためて課題として取り組んでいく．また，主要な精神障害に応じた動機づけ面接や治療の手法も研究されているため，文献を参考にされたい（Arkowitz et al., 2015）．

セラピーでは，再犯防止策を講じるだけでなく，先に述べたとおり，加害者に対して療法的に接していくこととなる．加害者が行った他者に対する有害な行動にはさまざまな情動が付随しており，犯罪との近接（proximity）や関連度は多様であるが，それらの行動や感情を調整したり変えていくことがセラピーの大きな目標の一つである．

クライエントの感情を調整し始めるにあたり，第一に必要なものは，クライエントにとって安全で落ち着くことができ，肯定的で共感的な環境をつくり上げることである．いうまでもなく，犯罪歴の有無にかかわらず，セラピーにおいてセラピストに共感される経験はきわめて重要である．加害者とのセラピーに限らず，クライエント-セラピスト間の信頼関係がその後のセラピーの方向性や結果を大きく左右する要因となり，そのような関係性のなかで自己を開示して共感されるというプロセスによって変化が生まれてくる．このような関係性は，クライエントの感情や情動の今後のあり様や変容の大きな基盤となり，セラピーが進むにつれてクライエントが取り組むべきセラピー内のアジェンダ（agenda：協議事項）そのものよりも大きな部分を占める．

とくに，裁判関連でセラピーを始めるクライエントは，セラピストがクライエントの裁判の方向性への決定力をある程度有していると認識している傾向にあり（実際のそういった力の有無にかかわらず），療法的な関係性とはいいがたい心理的な「上下関係」が生まれやすいことについて，注意すべきである．

したがって，加害者ポピュレーションやこういった状況でのセラピーにおいては，ことさら共感的な態度が必要である．クライエントがセラピストに共感され，またセラピストが共感の手本になる必要がある．

5.3 心理的特徴

加害者の心理的背景は千差万別であるが，そのごく一部を以下に述べる．

通常，人は成長過程において主要な養育者から共感されることで，感情や行動を調整して状況に適切なものに合わせていくことを学んで身につけていく．しかし，筆者の限られた加害者との治療経験や加害者治療に関する文献によれば，加害リスクの高い者や繰り返し再犯（再犯防止に失敗）している者にとって，これまでの人生において共感的に接せられた経験は少ないものである．気持ちを正確に推し量られたり尊重されたことが少なく，したがって自身の行動や感情を調整したり他者に対して共感する・共感的に接する訓練をする機会が乏しかったり，「悪いこと」をしてしまった事実にまつわる思いを共感され，その行為を諭されるといったできごとが少ないように思われる．

また，情動や行動に問題を抱えている個人は，親密な関係性において（その代表的な例が親子関係であるが），継続的で重大な喪失，傷つき，失望を過去に経験してきている傾向にある．幼少期より虐待，育児放棄，見捨てられた経験やそれに近い経験がある者は，司法関連の患者群に限らず，セラピーを必要とする者のなかではめずらしくない．また，そういった明らかな虐待やネグレクト（neglect：無視）がなかった場合でも，養育者からつねに誤解されたり（親が子どもに合わせることができない，チューニング（tuning：調和）ができない），「いい子」であるようにまたは嘘をつくように強いられたり，日常的に「寒い」，「お腹が空いた」，「悲しい」，「嬉しい」などのごく基本的な感情や感覚を肯定されなかったりすることを頻繁に経験している．このような環境では，感情全般や感情的苦痛を処理する能力は発達しにくい．感情に圧倒されてしまい，刺激に対して適切に反応するために感情をうまく利用するということが難しくなる可能性がある（Linehan, 1993）．結果として，「自己」が脆弱性，無力感や不安感などによって組織され，達成感や強みとしての感情体験の認識そのものを失っていくことになり，自己を「悪い」や「弱い」ものとして経験することとなる．そして，失敗や喪失に関するできごとが，感情的な記憶とともに自身を「無能である」，「責められて当然である」と感じることにつながったり，「自分を満たすには他人に頼らないといけない」等の感情的スキーマ（schema：図式）のトリガー（trigger：きっかけ）になったりする（Greenberg, 2010）．

「虐待」の明確な定義はさまざまな分野や臨床家の間でも一致しないことが多いが，そういった極端な状況が発生しておらず，家族と一見平穏に同居している場合でも家族内でクライエントが長期的に遠ざけられた（alienated な）状態にあることはめずらしくない．家族成員が必要最低限のかかわりしかもたず，感情的なやりとり自体が極端に少なかったり，（少なくとも家族外の者にとっては）

不自然なほどよそよそしかったり他人行儀である場合，子どもであったクライエントはおそらく恐怖を感じるほど寂しかったであろう．ぶつかる相手もおらず，自身の価値観を形づくる経験も少なく，自分だけの世界で過ごしていたのかもしれない．または，家族が過干渉な傾向にあり，さまざまなことに立ち入り詮索，指示したり，本人のために勝手に対処していることが多いと，本人が息づまるように感じ，自身のなかで生まれる感情や意思と家族のそれらの感情が一致しないたびに心理的な摩擦，不快感や敵対心を生じさせることもある．結果的に，どちらの場合も自身を家族から疎遠にさせることで，自身を守っていることもある．愛着理論では回避型愛着とよばれる感情行動の群に一致する特徴も多いかもしれない．そういった状態の者が家族という「小社会」を出て，外のさらに大きな社会に出て行き，そのなかでも自身を疎遠にさせてプライベートとパブリックを区別していないような行動，もしくはプライベートのためにパブリックを利用するといった行動に出ることもありえる．その意味では，その個人も公がいないと存在できなくなる，または公とぶつからないと自分の存在が確認できないと考えられる．疎遠（alienation）と公との依存は一見矛盾しているようであるが，両者のうち少なくとも一方を解決させていくことが必要となる．

身体的または性的虐待のように，明らかな被害体験や加害行為のモデリング（観察学習）が起こっていない，一見仲のよい家族のなかからも罪を犯す者が出ることもある．家族のもつ本人（この場合クライエント）のよい部分に対する期待が強くなると，クライエントは悪いことや失敗をまったく見せられなくなり，一見非常にいい子に育っていく．このような流れであると強い不安や抑うつがある程度表面化していく子どももいるが，「裏をかく」ということを非常に発展させていくこともありえる．また，親の見ていない所で親の知らないことをすること自体を非常に快感に感じたりすることもありえる．どれだけ厳しく躾られても，もしくは厳しくされるほど，裏で「自分の方が上」という感覚にのめり込み，自分だけの別世界がつくられていくことがある．結果的にストレス耐性や恐怖耐性が非常に高くなり，他者に対する共感や倫理観に関する認知が現実とは相容れないものになっていく場合がある．「いい子」である部分しか気づかない，または見ようとしない親に育てられるということは，子どもを非常に傷つけ，混乱を引き起こすこともある．かりに，偶発的に子どもが「悪いこと」をしてしまった場合，親がそれに気づかないまま（もしくは見ようとしないまま）であったり，子どもが自身の行為について薄々子どもながらに罪悪感を覚えていたとしても怒られたり諭される等，親からのなんらかのリアクション（reaction：反応）がないと，それは子どもにとっては恐怖を感じるほどの寂しさを生む状態かもしれない．また，子どもが行った「悪いこと」に子ども自身が責任をとれていない状況であるばかりか，親がその行為に気づいていない，または気づかないふりをしている，つまり，「責任をとる」というアクション（action：行為）を示していないということがありえる．子どもに「行動を起こしても空を切るように何も起こらない」と解釈させ，学習させてしまうこともありえるし，さらに子どもを「無力感」や「物事をコントロールできない」という感覚に陥らせるかもしれない．わかりやすくいえば，自分が何をしても気づいてもらえない，気づかれることはない，自分が何かしても何も変わらないと感じさせてしまうかもしれない．

さまざまな理由から，幼少期に甘えさせてもらえる機会や相手がなかったということも，成人期に他者に非常に甘え，頼ってばかりである状態や，「一人でいられない」という感覚につながる．逆に，なんらかの理由で「ダメ」といわれたことがほとんどない場合も，前述したように自分の能力に限界がないと非現実的にも思うようになることもある．自己主張が非常に強くなったり，しかも相手がそれに応じてくれることが当然，でなければ怒り等を爆発させたり応じてもらえるまで執拗に要求し続けること等もありえる．容易に怒ってしまう人は，自分自身は不満や不都合，イライラ感に触れさせられる必要がないと考えている傾向が強いということも特徴の一つである．ちょっとした間違いを正されたときなどに，それを軽くとらえることができず，とくに自分にとって物事が公平・公正でないと解釈されたときには激怒する場合もある（American Psychological Association, 2014）.

その個人の現在の情動や認知には必ずといっていいほど「ストーリー」がある．つまり，その情動等をもつようになった長く細かい経緯や，その個人（クライエント）以外の人間とのかかわりや経験，その個人にユニークな知見等である．診断名や疾病名では，その個人の現在の感情や情動のありようは見えてこず，それが今後どう変容すべきかの方針は示されない．セッションを継続する過程で，継続的な概念化のなかで一つ一つのクライエントの経験をつなぎ合わせ，ストーリーとして共同で理解していくのである．また，セラピスト自身がそのクライエントと空間や時間を共有することで体感する感覚も，治療につなげていくべき重要なマーカーである．さらに，クライエントの核となる痛みを同定することで，現在の感情的問題の「マーカー」を見つけたり，現在の問題の根底にある不順応的なスキーマにアクセスしたりすることができるようになると思われる．それをクライエントがどれほどセラピストに対して許容するかも，変容のための重要なとっかかりである（Greenberg et al. 2008）．

5.4 心 理 療 法

セラピーが進行していくなかで上述した注意点などをつねに留意しながら，徐々に準備段階からコア（core：核心）の部分に進んでいく．すべての情動に関する問題へのアプローチ方法をここで述べるのは不可能だから，本節では見知らぬ者への攻撃的行動への介入として情動と関連するごく一部を紹介する．

クライエントのなかには，再犯しないために治療を受けている場合も，治療者が「治してくれる」のを受身的に待っている者が時々見られる（なかには「治してあげる」という態度のセラピストもいる）．上述したように，クライエントが治療者に中身を見せられるようになるまで長いプロセスがあるが，クライエント自身が主体的に自身の苦痛に向き合い，それらを変えようとするにはさらにエネルギーが必要である．初めて加害者治療にかかわるセラピストやクライエントにとって，「病院での治療」の比喩がイメージしやすいかもしれない．たとえば，身体の具合が悪くなっていたりどこかが痛いときには，病院に行ってもまず医師に痛い部分を見せなければいけない．セラピーの場合，病院に来たとしても痛い場所すら伝えてくれないか，口頭で説明してくれてもその部分を見せてくれないのである．このような比喩を使いながら，治療には痛い部分を見せてもらう必要があることを少しずつ信頼関係を築きながら理解してもらい，患部を観察していく．患部を見せたり治そうとしたりするときには，よくなる前に結構な痛みがともなうということも理解できるように話し，心の準備をさせてモチベーションや強さに変えていく．

a. 行動的スキル

自身の犯行や加害行為が発覚したり，逮捕等の捕獲に至ったりした場合，その瞬間は本人にとって非常にトラウマティックなものとして経験される場合がある．または，常習的な犯罪でなくとも，極限まで追いつめられた状態で犯した加害行動も，逮捕される前からそれ自体がトラウマティックであり，加害者がポストトラウマティック様症状を呈していることもある．そこから派生する過度に一般化された恐怖心や不信感が強く現れる傾向にあり，犯罪行為を反省させたり，加害行動自体を変えさせたりする前に，これらの感情に対する対処が必要である．その体験を語ること自体がその行為者の愛着，その他の重要な自己と他者認知や付随する感情が現れやすい瞬間となる．

まず，情動関連の問題，とくにネガティブ（不快）なものに取り組む前の準備として，自分自身を「なだめる」というテクニック（self-soothing：自己をなだめる）をある程度習得しておくとよいと思われる．それらを習得する前にクライエントが過去のネガティブもしくはトラウマ的なできごとの詳細について話したがる場合は，セラピストに対するクライエントの信頼やコミットメント（commitment：約束）を損なわないようにしながら，うまくリデレクション（redirection：再方向づけ）することが必要になる場合もある．

たとえば，準備段階の行動的練習として，リラクゼーション（relaxation：弛緩法）を習得することがある．イメージング方法，呼吸法，瞑想などを単体で行ったり，それらの技法を組み合わせながら行う場合もある．漸進的筋弛緩法（progressive muscle relaxation：PMR）は，注意がそれやすい，もしくは触感によって集中力が増しやすいクライエントにとっては行いやすいリラクゼーション方法である．PMR では，腹式呼吸の深呼吸を継続しながら，意識的に全身の筋肉を緊張と弛緩を繰り返すことにより，身体の緊張状態に対する気づきを高め，意識的に身体を緩ませられるように訓練する．そのことにより，感情の高ぶりや落ち込みを自身でコントロールできるようになる．こういった練習を，問題が起こってからの「対処法」ではなく，クライエントの習慣となるようにふだんから繰り返し行えるように援助する．ほかにも，強い感情に襲われた際，その場を去る，ダッシュをする，入浴する，いい香りのものを嗅ぐ，氷を握る，輪ゴムを皮膚にパチンと当てる等，対処法は数多くある．とくに行動主義的なものとして，反対の行動をとる（acting opposite，たとえば，悲しみで打ちひしがれているときに，だれかにチャリティー的な行為をしてあげる）練習等もある（Linehan, 1993）．これらを緊急時に使えるように練習しておくことも有効である．

一方，行動スキルを身につけるまでにもさまざまな問題が発生する可能性があり，その際にどうすべきかという療法的な話が必要である．パニックや強い怒り等が起こった際の対処法も事前に話し合っておく必要がある．とくに，犯罪行動に発展することが予見される感情（たとえば強烈な寂しさや無力感）がクライエントのなかで起こり始めて，それをクライエントが訴えてきている場合，それまでの信頼関係や互いへのコミットメントがクライエントの言動に強く現れる．緊急事態が起こる前にこういった状況についての話し合いが必要であり，それ自体が療法的にクライエントの心理状態に作用する場合もある．

緊急性を訴えてくるクライエントに対してどのように対応するかは治療者の考え方やセラピーのスタイルによって異なるであろうが，治療者としての倫理に関する近年の議論や弁証法的行動療法（dialectical behavioral therapy：DBT）を含む認知行動療法では，最大限に治療枠を利用して，緊急時には療法的にクライエントにアプローチする場合が多いのではないだろうか．セッション外の緊急時でクライエントに接する場合（たとえば電話など），外的状況やクライエントの状態の把握，これまでクライエントなりに行ってきた対応法や対処法の実践の確認，次回セッションまでのクライエントと周囲の安全の確認などを端的かつ正確にクライエントと行うことがある．こういった一定の対応を頻繁に確認しておく．クライエントが困っている物事の優先順位はクライエントとともに査定される．しかし，自殺未遂，リストカットや大量飲酒などの自滅的，他害的問題行動が起きている際はセッションをあえて行わず，クライエントがそういった行動を起こさずに適切に行動した場合，または習ったテクニックを少しでも実践してからのみセッションを行うというルールに従うことを治療開始前に約束してもらう場合もある．自殺という可能性が現実的に差し迫っている際，それへの対応はむろん優先順位を上げて介入が必要である（Jobes, 2009）．

また，犯罪行動を繰り返すクライエントの緊急時の対応に失敗した場合，それはクライエントの心理および精神状態や行動を悪化させるだけでなく，クライエント本人以外に被害が発生する可能性がある．セラピストのキャパシティではクライエントの感情や行動が収まりきれず，危険や害が周囲に及びそうな場合，外部支援を要請するかどうかの判断が必要になる．しかし，外部支援を要請するということは，一定の度合いの守秘義務やそれに守られているクライエントとの信頼とコミットメント関係を侵すことになる．よってこの想定される状況についても，クライエントと事前に十分確認しておくべきである．このような話し合いの間に起こるクライエントの情動や思いは，そのつどセッションに生きたテーマになりえるため，その場で扱うことが望ましいと思われる．

b. 感情の自覚を促す

感情そのものを変容させていくという目的のほかに，認知行動療法によって認知の歪み（犯罪的思考）やその他犯罪行動と直結するとされる思考を引きだす際に，クライエントが一定程度感情的になるように促していく必要がある．そのようにして自然に表出した認知が，修正のため焦点化され，状況や自己に関するより現実的な理解と行動変化につながるとされる．後述する情動に働きかける方法も，加害行動に関する認知を引き出す際に有効である（Marshall et al., 2006）．

セッションが進み「自己をなだめる」スキルを身につけていくと，問題を引き起こしている強い情動（トラウマ，不安，抑うつなど）に対するコントロール不足が徐々に見えてくるようになり，それらに取り組むことになる．それらの情動へのコントロール不足，またはその情動自体の欠落についても積極的に議題に上げる．しばしばクライエントの発言内容や態度が，その状況から想像される感情の程度とはかけ離れているときがある．たとえば，怒りが爆発したり，泣き崩れたりしてもおかしくないような状況なのに笑顔でいる，などの場合である．犯罪を繰り返す者にたびたび見られるが，感情を垂れ流しのようにつねに爆発させている者と同等に，過剰に抑圧している者も多い．そして，心のなかが感情によって浸食されているような感覚や，麻痺状態であるかのような体験を感じることもある．そのような場合，自身の行動や感情を自覚してうまくコントロールしようなどということはとうてい困難である．

このような場合はタイミングを注視し，そういったギャップを自覚させていく．たとえば，セラピストがクライエントの感じているであろう感情とその表現の仕方を徐々に，直接的または間接的に指摘していく方法もあれば，クライエントがセラピストに抱く感情をセッション中に理解していくなど，さまざまな方法で本人に自覚させていくようにしていく．そうすることにより，自分の感情へのあり方をより「体感」するようになり，変化が生まれるきっかけになる．

行動や感情の調整や過去のトラウマを解決していくことなどをセラピーのゴールとしてセラピストとともに取り組み，セラピストとの関係性のなかでクライエントが安全と感じられることがきわめて重要である．そういった関係性自体が感情調整にとって療法的であり，治療基盤となる関係性のなかで，いままでの感情や行動のパターンを探り，新たなものに挑戦することができる（Sonkin and Dutton, 2003）．クライエントの状態に敏感に気づき合わせてあげるということが「『いま』の瞬間」を役立てることにとって重要であり（Stern, 1998），これが前提となり，恐ろしく感じられる感情のありかや親密さの意味などを一緒に探ろうというメッセージをクライエントに与える（Sonkin and Dutton, 2003）．

次に，その感情に付随する思考や信念を探り（たとえば，「怒りを全部なくしたい，なくせるはずだ」，「人は私の怒りを全部受け止めるべきだ」），それがどの程度クライエント本人にとって適応的なものなのかを議論してみる．クライエントに対して頻繁にストップ（stop：停止）をかけたり，スローダウン（slow down：減速）させることも重要である．とくに強い不安や怒りをもちながら，固執した自己主張を語っている際，クライエントがまくしたてるように早口で話し，セラピストが制止しなかったりすると，その感情がエスカレートし続ける場合がある．通常セラピーで重視される「傾聴」というスタイルをこの場合にセラピストが固持した場合，かえって危険が増す可能性もある．そのため，クライエントの話そうとするところに入り込む必要がある．それは言葉に限らず，何かしらのジェスチャーなど，クライエントが受け止めやすいものにする．当然止められた方のクライエントは不満が膨らむ場合もあろうし，自分に話をさせてくれないセラピストに対して瞬間的にでも不信感や敵意を感じる可能性もある．それをセラピストが感じ取り，クライエントが話したがっている話の内容に戻るのではなく，その瞬間的な不信感や敵意などをクライエントに気づかせて体感させ，「いま自分に何が起こっているのか」等についてディスカッションを重ねる．このように話を一時的にストップさせること自体が，やりとりをスローダウンさせ，これに付随してクライエントが感情を自分のなかに納めていく練習となる．

そして，その後は自身の感情や付随する信念を受容するのか，拒絶するのか，放置しておくのか，別のものに変えようとするのかをクライエントが選択することができる準備段階となる．最終的には，クライエントの選択と責任に基づき，新たな感情とその意味をつくり出していくことをクライエントと協働で進めていく．

加害につながりやすい不安や怒りに関連しているとされる基本的な認知として，locus of control がある（Rotter, 1966）．Locus of control とは，「統制の所在」，「帰属意識の在処」などと訳されているが，自分の思考や感情，行動，または他者からの自分自身に対する評価，自分自身に起こるできごとなどの理由や原因を自分の外側に見出すか（外的帰属）内側に見出すか（内的帰属）の主観的感覚のことである．自分に何かが起こるかどうか，何が起こるかは自分の外にある要因によって決まるという感覚の外的統制の所在をもった場合，被害的または無力的な思考に陥り，恐怖や不安，怒りが生まれて増強する場合がある．外的統制の所在が極端になると，他害的または他罰的思考につながりやすく，攻撃的行動やランダム行動に出ることがある．

逆に，統制の所在が内的である場合，自分自身で自分の感情や行動のあり方を決めてコントロールできるという希望的感覚をもつことができ，実際自分自身をうまくコントロールしようと試みる可能性が高まるとされる．クライエントの統制の所在を外的なものから内的なものへと変化させるテクニックとしてはさまざまな方法があり，それぞれ進め方も異なる．

一般的に，a 項で述べたリラクゼーションや PMR は，統制の所在を内的なものにさせることに役立つとされている．呼吸を整え筋肉を弛緩させるだけでなく，自分自身の身体にまつわる感覚に注意を向けさせることで，「自分で自分をコントロールできる」という自己効力感（self-efficacy）の感覚を経験し始めるのである．これにより，現実的に必要以上の警戒心や不安感，怒りを軽減しやすくなる．とくに，知的能力，とりわけ言語能力が限られている者の場合，ディスカッションに時間を多く費やすよりも，リラクゼーションという触覚をともなう身体的アプローチにより統制の所在を変容させやすいことも多い．積極的なディスカッションを使用する場合は，あるできごとに対して自分自身がどれほど対処できそうか等，自身の能力についての主観的な自動思考や信念などの認知を探り，変容可能な部分については変容させるように援助する場合もある．

感情を調整して許容するというスキルの段階的な習得に向けて，セッション内外の課題や宿題として練習をする．具体的には，感情を見つけて名前をつける，感情を感じることを許して許容する，ニュートラル（neutral：中立．ネガティブにもポジティブにもかたよらない感情状態）な瞬間に気づくようにする，ポジティブな感情（positive feeling：快感）を経験する活動を練習する，（だれかになだめてもらうのではなく）自分自身をなだめること等で対処が大きく改善されていくことも多い．これまで行ってきたリラクゼーションのなかで，自分自身のなかで起こる感情を「観察」し，変えようとするのではなく「そのままにしておく」という姿勢を保つことも，感情に飲み込まれないようにするために重要である．

統制の所在やその他の認知傾向に関しては，クライエントのもつ認知が生まれた文脈について掘り下げていくことも必要である．その際の重要な前提としては，現在の状況において，どんなに不適切で非順応的と思われる認知や感情であっても，それが最初に生まれた過去の状況においては，それらはクライエントをなんらかの形で守っていたということと，人は与えられた状況において自分ができる限りのことをすでに行っているということである．その前提をもとに，現在のクライエントの情動や行動がクライエントにとってどのような機能を果たしているのかを分析し，また自身の体験を口頭で伝えたり書いたりして表現していくなかで，自身の認知や感情の生まれた状況をクライエント自身が知って把握していき，ある程度納得できるように進める．そのプロセスにおいて，これらにどういった意味があるかもしれないのかを話し合う．それらについて別の意味や解釈を積極的に探すことも有効である．または，自分が自動的に考えていることの例外を探したり，自分の思考の結果や有用性（利点・欠点など）を客観的に考えたり記録することもある．自分にとって不利益な考え方であるということが理解できると，その考えを捨て去るという作業が自然とできるようになることが多い．

対人的に有害な行動，つまり加害行動を繰り返す者は，統制の所在が外的である傾向に加え，不安定な愛着をもつ傾向にある（Hazan and Shaver, 1987；Sonkin and Dutton, 2003）．愛着に関する不安感が強くなるときにパートナーにだけ暴力をふるったり，拒絶や離別をきっかけとして暴力的行動をすることがある．そういった場合，自己概念や関係性における「安心」，「安全」という概念について再学習しながら，「自分の感情は自分ではなく愛着対象によって引き起こされたり終息したりする」という依存的な態度を弱め，感情的なリアクションを収めておくように援助する．また，幼少期のトラウマや喪失の間にある裂け目一つ一つを治し，つなげていく．このようにバラバラのままにしてあったできごとや自身の感情をつなげようとすると，気づきたくなかったことや，自身のなかで受け入れがたい感情に気づかされることもありえる．セッション中でもそれまで自己防御的に行ってきた攻撃的行動に出やすい瞬間である．そのときに，怒り表現や暴力で他者を回避する，押しやる，無理やり引き戻す，相手が動くまで要求し続けるという手段を自覚させて直させる．また，愛着や不安感を自分自身でなだめていけるように学び，自分の能力や他者の役に立つこと（availability），つまりワーキングモデル（working model：作業規範または作業模型）についてセラピストがその対象となり，再構築していく必要がある（Sonkin and Dutton, 2003）．

なお，感情を自覚できるようになったらそのトリガーを探すというアディクションモデル（addiction model）や，再犯防止モデルが提唱する「感情のトリガーを同定してできる限り回避する」という方法については，加害行動を起こさない期間が比較的長い（たとえば半年～1年間～数年間）者に対しては比較的有効であると筆者は考えているが，強迫的にある行動に駆り立てられて反復的行動を起こす傾向（たとえば1日に何度もその行動を行う）にある者に対しては，この治療モデルは該当しにくいと考えられる．そのような強迫的な行為については，本章全体で述べるように感情を避けるのではなく積極的に扱っていく方がより適切と思われる．また，コントロール困難に陥っている恐怖症や強迫観念，パニックなどの二次的感情は，曝露療法などで改善が期待できる部分も大きい（Greenberg, 2011）．

c. 感情を感じ，調整する

以下に述べる内容は，クライエント自身が自覚していなくても，段階的にそれを引き起こす刺激に触れさせ，感情を高めたり鎮めたりするといった感情に対する介入方法の一部である．自分自身をなだめるということは，単に「リラックス」をしたり気を紛らせることにとどまらない．自身の感情の起こり方について過剰に要求的になるのではなく，「こんなふうに感じてはいけない」，「もっとこういうふうに感じられるべき」等，自身にとって苦痛となる感情に対しても慈愛的で肯定的な認識をもとうとすることである．愛着不安やその他の愛着感情の存在を否定したり回避することで情動を調整するのではなく，一時的にでも強い感情を許容できるようになると，その情動を発生させた状況の意味に納得がいったり「意味が通じる」ようになり，対人関係におけるそれらの発生パターンも認識されていく．その感情を時間をかけて感じながら考えていくことは深く経験的な自己知識となる．これまで「言うことができなかった」事柄や感情が「言うことができる」ようになると，それらが生まれた状況も別の枠から理解されるようになり，自他と世界に対する新たな認識をもつことにつながる（Greenberg et al., 2008）．

セラピーの重要な目標として，自分のなかの不適応な感情を見つけていくだけでなく，その感情を変えていくことそのものがあげられる．「不適応」になってしまっている慢性的な恐怖，恥，孤独や見捨てられたことに関する悲しみ等を他の適応的な感情状態に変えていくのである．感情は「正反対でより強い感情を用いない限り，感情を制限したり取り除くことはできない」(Ethics IV, p. 195)(Greenberg et al., 2008；Spinoza, 1967)．適応的な感情を引き出して活性化させていくことは，不適応な感情を変えていくことにも役立つ．

自身を無価値と感じる恥の気持ちや基本的な愛着不安（「愛着対象がいなくなるかもしれない」）などの感情については，他の感情を用いて変えていくことが効果的である場合もある．つまり，根底的な恥や恐怖の感覚など，以前は避けていた主要な感情の変化は，逆の適切な経験（怒りや自主性にむしろ力を与えていくなど）を活性化させることでもたらされる可能性がある．たとえば，多くの状況で引いてこもる傾向がある場合，怒りを表現したり自分で慰めや安らぎを積極的につくり出すことがクライエントを変えていくきっかけとなりえる．

クライエントが自分自身の何かを非常に強く恥じている場合，セッションでこれまでとは少し違うやり方やリアクションに出てみることは，クライエントにとって難しいことであると感じられるかもしれない．もしくは，クライエントが非常に完璧主義傾向であり，失敗どころか，練習をしている姿や，試行錯誤して悩んで相談する姿すら決して見せられないと感じていることもある．それを知らない周囲は，本人が何か突然物事を始めようとしているように見え，驚くかもしれない．犯罪を多数回も行う者のなかには強い完璧主義の傾向をもつ者も多く，おそらくそれが同類の失敗を繰り返す一因であろうと思われる．セッションでは，助言を求めたり練習や失敗の姿を見せてはいけないと感じるようになった経緯を少しずつていねいに聞いてみる．かりにそういった姿を見せてしまったら自分はどうなってしまうと思っているのか，と認知行動療法の絞り込み（narrowing down）テクニックを使ってみてもよい．そういった姿を自分のセラピストや集団療法であればグループメンバーに見せられないということは，セッションがクライエントを助けるものや信頼や安心を感じられる場所になれていないのか，そうなれることを何が阻んでいるのか，そうなれるためにいま何が必要とされているかについても話し合う．

恥とも関連するが，セッションでしばしばテーマとなる感情として「怒り」と「恐怖」がある．他者に暴力的に接する者は，おそらく過去に何かしらの傷つきやそれに付随する不安や怒りを経験している可能性が高い.

「怒り」について，反復される加害行動に見られる「怒り」を比喩でたとえるなら，「爆発」，「火事」ではなく，目の前に現れるものすべてを巻き込んで焼きつくしてしまう「溶岩」のようなものであるかもしれない．これらの感情をていねいに扱っていくことが他の感情を消化していくことに効果的であったり，破壊的行動を変えていく際に必須であると思われる．たとえばクライエントが，その人物の状況を考えて「仕方がなかった」と述べて合理化することで対応しようとしていたり，セラピーの早い段階で「(その人の言動を) 忘れていたくらいなので，怒っていない」と述べて自身の怒り等のネガティブな感情を否定したりする一方で，セッション外ではそのような感情が四方八方に向けられ続けている場合がある．このように怒りの自覚が低い場合もあれば，ストーカーのタイプの一つのようにあからさまに怒りと復讐に燃えた自己主張を続けることもあるであろう．怒りや恐怖などの生物学的に順応的な感情を遮ってしまうと，対人関係における人との適切な距離感，自己を尊重するための怒り，必要な嘆き等を妨害する結果となる．そのように特定の状況や人物に対する未解決の感情を十分に消化することは変容を起こしえると考えられる（Greenberg, 2002).

最初の段階では，対人的ダメージに関するクライアントの痛みや感情的な経験に共感し，その感情の妥当性を見つけ出す（validate：妥当化）ことでクライアントとの協力的な関係性を築き始める．また，そのダメージの影響やそれのもっとも問題的な部分を言葉で表現させて明確化させていく. 有効な治療概念として，弁証法的行動療法（dialectical behavioral therapy：DBT）がある．“dialectical” とは「バランスまたは均衡」という意味であり，DBT で二つの相対する真実を統合するというものである.「受け入れること」と「変わること」のバランスをとり，それぞれに対して責任をもつということがクライエントに期待される．また，セラピストとクライエントがクライエントの経験，行動や感情を共同で妥当化する（validate）ように取り組む．妥当化（validation）とは，社会的適切さの判断や行為の正当化ではなく，行動や感情の意味の存在，クライエントにとっての役割を見出して受け入れ, 肯定するということである．「妥当化する」(validate) の反対は「否定する」(invalidate) という意味である．否定のような (invalidating) 経験を強いられるということは，単なるネガティブな経験なのではなく，感情のあり方やその他の内的経験が否定され続けるということである．たとえば，転んで痛いのに,「こんなことで痛いはずがないでしょ」といわれる,空腹でないときに「あなたはお腹が空いているんだから食べなさい」と食事を強いられる,ペットが死んで悲しい時に「何でこんなことが悲しいの,他に喜ばしいことがあるんだから笑っていなさい」と諭されたり,無理に励まされたりする等である.つまり,さまざまな経験や感情があたかも最初からなかったかのように,またはまったく別のもののように扱われるのである.児童に対する身体的虐待,とくに性的虐待は否定の究極の形であり,被害者の心身の痛みが完全に無視され,あらゆる意思を否定されるとされる.このような経験を長期的に強いられてきた者にとって,療法者と自分自身による肯定は,それ自体が非常に治癒的であるとされる.徐々に自分が「何かを感じていた事実」を理解し,その感じていた物が何であったのかが引き出されていくと思われる.クライエント・センタード・アプローチ(依頼者中心の方法)で強調される「共感」とは多少異なり,経験一つ一つを肯定して真実を見つけていくことになる.自身の経験や思いを肯定して受け入れ,それでも変わることを選択したならば,どのように行動することが効果的かということがセラピストと議論される.たとえば,自傷行為やだれかを攻撃しようとする直前に「自分は見捨てられてしまう」という感情や感覚が存在している場合,その感覚について「良い悪い」の判断をしたり,その感覚を消去しようとして自傷や他害をせずに,ただその「感覚に気づき,観察し描写する」ことに徹するように援助される.また,日常生活のなかで自身が行っている動作一つ一つを観察・描写し,気持ちを落ち着かせておく訓練も行う.さらに,対人関係において物事を効果的に要求したり断ることが苦手である際には,「自尊心を保ち,得る」,「目標を達成する」,「他者との関係性を培う」の判断基準からどれ(とどれ)を優先するかを考えながら判断・行動できるように援助する.

d. 感情を少し変えてみる

これまでの自分の感情を自覚できるようになるには,とくに解決策を見つけるのではなく,セラピストという新しい対象とともに,気持ちや考え,経験など,内的世界を探求し,線引きや気持ちを落ち着かせていくことを繰り返しながら,新しいアイデンティティー(identity:主体性)や葛藤に対する反応を試していく「遊び」を行うことも大切である.セッション中にセラピストを前にして,「侵害」や「暴力」に対する適切な怒りを表現できるようになることは非常に重要である.

また「仕方ない」と思うことではなく「許す」ことができるようになるためには，その侵害をしてきた人物に対する恨みや憎しみなどの感情の正当性を自分自身が認めていくことも必要である（Akhtar, 2002）．憎しみや「復讐」への欲求は自尊心と関連づけられ，安全が確保できる範囲で「復讐」に関する幻想や想像をセッションで話させることが有効である場合もある（Greenberg and Paivio, 1997）．つまり，報復したいという欲求自体は，ていねいにノーマライズ（normalize：標準化）され，クライエントがいかに傷ついているかというごく自然なサインであると伝えられる．ただし，そのような表現をセッション中に促すことは，セッション外で周囲に対して非難や侮辱，暴力をしてまわることとは区別されるべきである．短絡的な怒り感情の表現にともなう危険性としては，クライエントが自身の加害的行動を自分で許したり正当化したりすることや，自身が傷ついたできごとの展開に関して過剰な責任を取ろうとすること等が含まれ，これらに発展しないように注意する必要がある．「侵害された」ことについての内的経験から話を引き出していくなかで，だれかからある感情を「もたされた」のではなく，自分がそれを「所有する」，「選択する」ことができるように進める．そして，受けた被害に関する自分自身の今後についての「責任」を適切に見出せるように力を与えていく．結果として，感情を所有することにより，有力感をもち，自分自身のニーズや心配事により集中することができ，他者を責める被害的な感情をもち続けにくくなると思われる．

次の段階においては，おもに「喚起」と「探索」が軸となる．具体的には，ダメージに関連する怒り，悲しみ，痛み，その他の苦しい感情を沸き立たせることで認識，体験，表現していくことが含まれる（Greenberg, 2002）．セラピストとのつながりが十分に強く安全に行え，クライエントの心の準備ができているようであれば，早めにこの作業にとりかかる．重要な関係性の損失や喪失，それによる自己観や世界観が崩壊してしまったことに関する嘆きのプロセスを始めていく．そのなかには，許し，裏切り，見捨てられたことなどに関する感情が入り組む．通常，悲嘆（grief：グリーフ）では怒りと悲しみが中心的な役割を果たすが，それらを促すことにより裏切りや見捨てられたことに関連する感情に取り組む（Greenberg and Paivio, 1997）．具体的な手法として，ロールプレイ（role play：役割遊び）やエンプティ・チェア（empty chair：あき席）技法等を繰り返すことで，「決着のついていない問題」について（クライエントの前から去ることで）クライエントを傷つけた側の者との想像上の対話を続けることがある（Greenberg et al., 2008）．セラピストとのディスカッションは認知的なものの割合が多く，エンプティ・チェアなどで想像上ではあるが，より実際に近いダイアローグ（dialogue：対話）をもつことにより感情に直面化し，自己や他者（クライエントにとっての「加害者」）に関する「表現」や「イメージ」などのプレゼンテーション（presentation：想起）を具現化することにより，そのような自身のなかのリプレゼンテーション（representation：心的表象）を再度見つめ直し，解決することに導かれる．クライエントが適切に悲嘆し，被害の結果として失われたものや取り返しのつかないほどダメージを受けたものに対して，別れを告げることの助けになると思われる（Greenberg et al., 1993）．また，クライエントが加害者である場合も，被害者が加害者に対してどのような気持ちを抱いているのかを体感できる「共感性」を高めるために，エンプティ・チェア技法が有効であるという報告も多い（Paivio et al., 2001）．エンプティ・チェアのダイアローグのなかで，クライエント自身から「被害者」としてのものと「加害者」としてのものが現れて混在してくるようになると，自身の怒り感情などにも変化が現れてくると思われる．たとえば，自分が行った加害行為は自分が受けた被害とほとんど同じであると気づき始めたとき，自分自身がこれまで自分に「加害してきた人」と同じになってしまっていると認識するかもしれない．すると，自身の加害行為に対する嫌悪感やこれまでになかった怒りがさらに現れることもある．

また，攻撃につながりやすい不順応的な感情を変えていくため，自身のなかのリソース（resource：資源）としての順応的な感情に徐々にアクセスしていく．つまり，悲しみ，慈悲や慈愛，共感，思いやり等の気持ちを強めていくことで，痛み，怒り，侮蔑など「許さない」ことに関する感情を徐々に変えていくことができると考えられる．とくに，「許す」ことに成功し，「加害者」に共感することが媒介して調整すると指摘されている（McCullough et al., 1997；Macaskill et al., 2002；Worthington and Wade, 1999）．共感とは，他者の複雑な考えや感情を理解し，その体験をしたことがなくても感情的に自身がその他者の気持ちを体感することである．とくに，Rowe et al.（1989）が提唱するように，「加害者」に対して共感しようとする作業においては，「加害者」や自分が受けた傷そのものをどのようにとらえるかを再構築する．これには，その者（「加害者」）が心底人間らしくふるまっていたということ，そしてその人間らしさを自己中心的な欲求や感覚が現れている状況からクライエントが感じとるということが含まれる．たとえば，その「加害者」が行ったことは自分（クライエント）が行ったことと似ている，もしくは似たような状況では自分も同様のことをするだろうということを認識する．「被害者」側の課題としては，「加害者」側の立場を理解するために，想像力を使って加害者の見地からできごとの展開を見ていき，自分自身をその世界に移行していくことがある(Berecz, 2001)．このような認知的共感に対し，感情的共感では，より「加害者」に対して慈悲的な気持ちをもつことが必要とされる（Greenberg, 2010）．

「許せないこと」(unforgiveness）は，反芻を通じて過剰に喚起されたストレスとネガティブな感情のなかに引っかかり留まってしまい，動けずにいることである（Harris and Thoresen, 2005）．また，犯罪を繰り返し行ってきた者でも，「自分は正義感がとても強い」と発言する者もいるが，「許せない」という感情が重要な点の一つであろう．クライエントのいう「正義感」と自身の行ってきた加害行為との矛盾点について感じる感情をごまかさずに感じていくこと自体も療法的である．クライエントが「強い正義感」ととらえるものの背景には，他者が行ったこと，自分が行ったこと，自分がされたことが許せないという感情があるのかもしれない．許しとは，許せないことを減らしたり「手放す」ことであり，「加害者」本人や加害者によって引き起こされた傷や怒り等に対するネガティブな感情や思いを減らしていくプロセスである．さらに，もう一つの重要な側面は，「加害者」に対する慈悲，共感，理解，優しさ等，むしろポジティブな感情を増やしていくことでもある．

とくに感情の表出が乏しい場合等は，感情的な制限や停滞，絶望感などの感情の阻害も集中的に扱っていく．感情の阻害が「癖」のように自動的に起こる受動的過程を能動的なものにするために，クライエント自身が自分自身を疎外してしまっていると気づかせていく．そして，解決を阻んでいる感情にアクセスして見つめていくことで，この受動的過程を変化させていく．そして，これまで満たされなかった欲求などを動かし，そういった欲求をもつ「資格」，そしてそれらを満たす「資格」があるということを理解させていく．クライエントを感情的に高ぶらせていくなかで，満たされなかった欲求を思い出させながら，同時に自分をなだめる行動も引き続き訓練する．さまざまなできごとと自身の感情のつながりを再び見つけていくことも促していき，「加害者」に対する見方も変えていく．

満たされなかった欲求を嘆き，それを手放す作業である．作業の一つとして，加害者にその者の行為とその否定的な結果を訴える手紙を書くこともある．自分に関する変化自体はクライエント自身がもたらすことであり，加害者当人がもたらすことではないことを理解させるためである（Greenburg et al., 2008）．さらに，加害者といまだにもっているつながりや絆，傷つきを手放すことの難しさや傷つきを保ち続けている要因についてもディスカッションを行う．

暴力的感情は，爆発させると目的達成につながる場合もあるが，その感情自体はそれをもっている個人に強い心理的負荷がかかるものである．その個人は疲弊し，心理的に蝕まれていく感覚になると思われる．特定の個人に対し，とくにパートナーや配偶者に対し，そのような感情をぶつけたり暴力をふるう者は，自分自身の感情面ともっとつながりをもち，生活におけるアタッチメント（attachment：愛着）の重要性を認める必要がある．愛着対象との関係性において，搾取的，支配的，加害的，拒否的になる必要はないと理解させていく（Sonkin and Dutton, 2003）．暴力や加害を肯定する行動の程度はクライエントの間でさまざまである．全否定している者は少ないと筆者は考えるものの，どのクライエントも自分自身が暴力や加害行為を行ってしまっていることを心底誇りをもって示していることは少ない．ただ，それらを奇妙な形で否定，または肯定することはあるため，それらを個人的基準に基づいた判断を避ける（non-judgemental）態度で探っていく．見知らぬ人（セラピスト）と感情的負荷のかかった内容を話すことは，クライエントの感情調整のために愛着行動システムを活性化させ，助けを求めながらも，セラピストからの援助を受け入れる邪魔をする可能性もある．

暴力行動を止めるためには，暴力を暴力として認識する必要があり，暴力をそれ以外の何かととらえようとしている際には，そうとらえようとする必要性を本人が感じているのだから，その必要性は何かということを理解しなければならない．それらが「暴力以外の何かであった」ではなく，暴力であったということを認識し始めたときには引き裂かれるような感情が生まれる．自身が他人から受けていたものが，もしくは自分が他人に対して与えていたものが暴力であったという事実，つまり自分は傷つけられたのだ，自分は相手を傷つけていたのだという事実は耐えがたいものとして感じられるかもしれない．

弁証法的行動療法（DBT）では特定の認知や感情を不機能的とみなして積極的に修正しようとすることはせず，むしろ肯定（validation）によってそれらの真実性を見つけ，変えるのかどうか，変えるとしたらそれは自分にとってどういった意味をもつことになるのか等の話合いがもたれる．自分がネガティブ（不快）に感じている物事は今後も半永久的に起こりうるだろうということ（たとえば庭にある蔓や雑草は際限なく生えてくることと同様である）を想像したり，変えようと思った事柄に対して，むしろ何もしないという選択肢もあるのだとクライエントが気づくことも重要である．何もしないことで変えていくのである．ネガティブ（不快）な感情を感じたりトラブルを引き起こす行動をしそうになっている（たとえば怒りや嫉妬感情，攻撃行動）自分を自分はどうしようと思っているのかを観察しているうちに，必要以上に相手に対して搾取的であったり高圧的になっていることに気づき，自分がそうならなくても相手は反応してくれることを実感していく．

もう一つの重要なテーマとなるのが「恐怖」や「恐れ」である．

見捨てられて一人になり，どうしようもなくなることへの恐怖感はだれにでもある程度あると思われるが，それが非常に過大になると，まだ何も行動を起こしていない相手を攻撃して「わざと」自分を見捨てさせようと仕かけたり，もしくは相手と距離を置いて正直な気持ちも開示せず近しい関係にならないように多大な努力をすることもある．セラピストとのセッションにおいては，クライエントが自分の意思や意見を求められたり，それに相容れない意見をセラピストが述べることが大いにある．その時に起こるほぼ対等な気持ちのやりとりや互いへの気持ちの尊重自体が，これまでクライエントがあまり体験したことのないことであり，そういったやりとり自体が療法的に作用する可能性がある．クライエントが感情を表したり表さなかったりすることに関して，それらがセラピストに起こす気持ちをセラピストがつねにクライエントにフィードバックする（feedback：返還する）などを繰り返すことで，クライエントの周囲が行ってこなかった感情に関するやりとりを重ねていく．セラピストとこのような気持ちのやりとりをしていくということは必然的に親密な要素があり，それ自体がクライエントには不安感をもたらすような体験である．それらに耐えられるように自分自身や他者を信頼するということも実践していく．

自分のなかにあるものを正直に出せるように手助けすることを犯罪までに至っている者に対して行っていくことは，非常に時間と忍耐力を必要とする作業であり，またそういったエネルギーや時間をかけてじっくり行っていくべきである．

正直に話せるようになるまでに多くの障壁がある．それらをクライエント自身が理解して解決するようにセッションで向き合って初めて，自己を変えていく動きに直線的（linear）ではなく恒常的（homeostatic）なプロセスがつくり出される．比喩でたとえてみるなら，何層もある玉ねぎを縦横に寸断していって，芯を探し出すことそのものが目的なのではなく，玉ねぎそのものを回転させながら外皮を途切れることなくむいていき，すでに通り過ぎた地点に近づいて今度はさらにその下をむいていく，それ自身がプロセスであるというようなイメージである．たとえば被害者に対する気持ちについて何度も話し合っていくなかで，「申し訳なかった」という言葉から「『申しわけなかった』と言いましたが，誠実なふりをしていただけでした，カッコつけてました」等と，発言が大きく変わることがある．このように発言を変えた理由や，被害者に対する気持ちの変化についてクライエント自身に考えさせる．つまり，すでに話し合ったことのあるテーマについて何度も立ち返り，再度聞いてみるとおそらくまったく質的に異なる反応が返ってくると思われる．

具体的に加害行為の詳細について聞き出していくため，伝統的な認知行動療法（cognitive behavioral therapy：CBT）のように状況や思考を分析して解決法を見出していく手法を行っている場合も，感情の細やかな変化に気づけるようにすることが必須である．自傷行動など衝動的な行為を改善しようとする際は，「できごとの鎖」（chain of events）というできごとの詳細や感情のつながりの一つ一つを解体し，問題となっている行動一つを変えるのではなく，もっと前の段階から行動の流れを理解して問題解決をしていく手法がある．感情の自覚に乏しいクライエントに対してこの手法をセラピー初期の段階で使用すると，問題にぶつかると予想される．たとえば，「玄関から侵入して奥の女性に猥褻をしてしまった」と述べるクライエントに対して，手法どおりに「では，あなたがその女性の玄関のドアを開けてなかに入る直前，あなたは何をしていてどんな気持ちをもっていましたか？」と尋ねると，「その女性を見かけて，『どんな部屋に住んでるのかな』と見たくなりました」という答えが返ってくるとする．それではこの手法を使うことはまだ時期尚早であるというサインである．それでも「女性の家に侵入しないで済むように，自分には加害すること以外にどんなことができたかもしれないでしょうか？」と尋ねれば，「自分があの女の人を見なければ，見かけなければよかったんだと思います」という言葉が返ってくる可能性が高い．そして，セラピー自体がクライエントの偶然性に責任転嫁する「認知の歪み」を正そうとするセラピストとの不毛な議論になるであろう.「できごとの鎖」というロジカル（logical：論理的）な手法で進める前に，もう少し細やかに感情の表出ができるように促す必要がある．こういった際には，さまざまな感情のなかでも「本質的な恐怖」や「怯え」をとくに考慮し，プロセスしていく必要があるかもしれない．

先述した感情的な制限や停滞のように（p. 158 参照），感情の阻害が慢性的に起こり続けていた結果，セラピストに対して，自分が犯した犯罪の内容を話しているのだから正直に話しているとクライエントは思い込んでしまう．実際，自身の犯罪内容を語ることはその後の逮捕，裁判等処罰に関する記憶や感情が再生され，苦痛を感じることが多い．クライエント自身は，セラピストに対して，その苦痛の詳細を本当に正直に話しているのだと感じている．しかし，犯罪行動の内容は供述調書並みにまたはそれ以上に詳細に語られるものの，それにともなう感情の揺れ動きや，その行動に至る前の迷いや決行する際の感情の暴走ぶりは語られなかったり，語られても伝わってこない．比喩でたとえるならば，「美しい音楽でしょう」と楽譜の記号を読み上げているだけで，メロディーや響きはまったく聞こえてこないようなものである．後から本人の供述調書を読んでみると，セラピーで話した言葉と一字一句同じこともあり，話すべきであると刷り込まれた内容をセラピストの前でもう一度再生したにすぎない．正直であれば「怒り」や「恐怖」や情けない自分などもさらけ出すこともあろうし，どのような態度であれセッション内では「望ましい態度」のようなものはありえないのであるが，クライエントにとっては真に誠実に語るということが何であるか，皆目見当がついていないことも大いにある．強い恐れが正直に感じるということを阻んでいる可能性はある．感情を表に出すだけでなく，感情を感じること自体に恐ろしさを感じている場合は，非常に抑圧的でおとなしかったり，まだ聞かれてもいないことに答えようとする姿勢が垣間見られることがたびたびある．長年の間，心を閉じて警戒心をもち続けてきた結果，上記のように他者の前で感じること自体がわからなくなっているのかもしれない．つまり，CBT の「できごとの鎖」のようなテクニックを使用する事前準備としてだけでなく，「恐れ」をプロセスすること自体がセラピー全体の質を変えていくと思われる．

細やかな誠実な気持ちの中身を表に出していくにはさまざまな作業が必要になる．セラピーの初期から中期にかけて，クライエントらと会話していてセラピスト自身がどのような感覚や気持ちになるかを伝え，反応を引き出すことも繰り返し必要である．クライエントらの態度に非常に強い怒りを覚えたり，または寂しさや悲しさをセラピストが感じ取るのであれば，それを伝えていく．そしてクライエントがそれを聞いてどのような思いを抱くのかを聞かせてもらう．そのような継続的なコミュニケーションには誠実（genuine）さがあり，それ自体が非常に繊細な感情的体験でもある．これはクライエントとセラピストの両者にとっても感情的に非常に負荷のかかる作業であり，一定程度の恐怖心やためらいがともなう．加害を繰り返すクライエントのもつ「何か」が周囲にこういった恐怖心や寒気や距離感を抱かせていたことは想像できうるし，周囲の者たちがそのような気持ちをクライエントに正直に伝えてくれたことはなかったかもしれない．もしかしたら本人が恐怖を感じないように，周囲はその原因をなるものをそのつど取り払ってくれていたかもしれない．これらをどのように伝えるべきか，伝えられたクライエントがどれほど耐えられるかを見きわめながら，少しずつ進めていく．正直に話して聴くことはつらさや恐怖心がともなうこと，弱みを見せることを体験していく．さらには自分には防御しきる術がないまま，そこに自分が耐えられるという経験をし，その弱さに浸かったままにしておく．その状態でさまざまな感情を表して体感することで，しだいに自身のなかに収めていくことを学んでいく．また，こういったやりとりは，セラピストとクライエントが信頼感や不信感をお互いに感じるまさにその瞬間でもある．自分の気持ちを認めてよいか，口に出してよいかをつねに葛藤して迷っている状態のクライエントには，不信感，警戒心，不安感が見て取れる．その際に何を話そうとして不安になっているのかと聞くのではなく，いま話そうとしている瞬間に感じている気持ちは何なのか，セラピストに対してどんな気持ち，期待や不安を抱いているのかについても確認し合う．他にも，「自分が本気で正直になっているときの態度」をまず演じてみるように促してみたり，他の「正直な態度」などをセラピストが演じてみているのを真似してみてどのような気持ちになるかを体感させることもある．

さて，そもそも，クライエント本人はもう犯罪（加害）を犯したくないとどれほど思っているだろうか．おそらく「もう捕まりたくない」，「もうあんな思いはしたくない」と推測できるであろうが，「犯罪を犯したくない」，「犯罪を犯すような人間のままでいたくない」と考えることとはまったく同等ではない．また，「自分が悪いことをした」と知っていることと「悪いことをして不快な気持ちがする」も同じではない．むろん，税金なり自己負担なり，カウンセリング費用を捻出してあげようとしている（家族などの）周囲の者としては，本人がもう再犯しないという期待を抱いている部分が大きいと思われるが，犯罪を犯した本人のカウンセリングの目標が「再犯しないこと」とは限らないし，またそれに設定すべきとも限らない．また，「悪いことをして悪い（不快な）気持ちがするようになる」や「被害者に対して罪悪感を覚えるようになる」ことで犯罪をしなくなるかというと，そうとも限らない．

それでは，「加害行為を行ったから始めたカウンセリング」のなかで，クライエントは自分が行った犯罪についてどのように感じているのだろうか．その事実について自分はどうしたいのか．今後自分はどうしていきたいのか．心理療法を受けてどうしたいのか．さまざまな質問が浮かんでくるが，そのなかで現れてくる自他に関する感情について整理していく．当然のことのように思えるだろうが，「犯罪をもう犯したくない」と感じる前に，自分が犯罪をすでに行ったということを受け入れなければならない．自分が起こした犯罪，その結果起こった影響性，また今後も起こす可能性があるかもしれないことについて，「考えたくない」，「向き合いたくない」と思い，自分自身から目を逸らしたくなるときに湧き上がる感情が何であるかについても少しずつ探っていく．その際に恐怖という感情が存在することがあり，自分自身のことを知ることが怖いと感じることもある．それに対して，正直に話そうとしている努力を認めたり，恐怖をグループ内で共感できるように促してみると，恐れに対する態度は変わっていくかもしれない．

これらのディスカッションのなかで，他者への信頼や自分の心が傷つくリスクに関する思いも浮かび上がってくるであろう．だれかを「信じる」ことは，その人に賭け，思いどおりにいかなかった場合のリスクを自らが負おうとすることである．そのリスクを負おうとすることの負荷や恐怖心などがつねに葛藤としてつきまとい，対処として嘘でごまかしたり奇妙な認知の編集をするという結果になるかもしれない．そういった正直な態度が表されたときは，それが強化されるように対応する．加害行為を繰り返し行う者の多くには，加害や逮捕の瞬間の恐怖感や絶望感だけでなく，慢性化したとでもいうような精神的脆弱性があるように思われる．クライエントからは，「脆さ」や「壊れやすさ」といったものが手に触れられるもののように感じられるが，それに触れることに初めは非常に強く抵抗する．その「許していない」状態や警戒心について自覚させていき，触れられないようにどんな言動に出ているのかもそのつどフィードバックをしながら自覚させていくが，さまざまな否認が蜂の巣をつついたように交叉していくために，非常にゆっくりとした作業となる．周囲はクライエントの弱さをどう感じているのか，それに対して何をしているのか，過去に自分自身が感じたときはどんな感じだったのか，いまこの場で自分はどうなっているのか等も探っていく．このような話をしている際，当人は笑い話にして軽いものとして扱おうとするか，セラピストや他メンバーに反撃しようとするなど，脆さを感じたときのこれまでどおりのリアクションがおそらく現れる．自分をとても小さく感じているときにブースト（boost：後押し）するように自己を大きく見せたくなっていることもある．自分よりも大きい，強い人がするような行為をしてみたくなるかもしれない．それについても敬意をもってフィードバックし，脆さの感情と自分のリアクションの関連性について自覚させ，触れられても大丈夫だということを少しずつ体験させていく．心に少し触わって押して戻り，またもう少し最初よりも押して戻り，の繰り返しをしていくなかで，しだいに自身の恐れよりも「打たれ強さ」に気づきやすくなると思われる．

5.5　選択と責任について

加害行為をしたクライエントが心理療法を始める理由の一つは，社会（他者の存在，法律の存在）という公のなかでの行為が問題とされていることである．したがって，セラピーの中盤以降は，「選択（自由）」と「責任」，「公」と「私（プライベート）」という大きなテーマのなかで話していくこともある．

これまで自分がどのような選択肢を与えられたか，それらをどのように自身でつくり出し，またどのように選び，起こされた結果に対してどのようなアクションをとってきたのか，もしくはだれかにとってもらってきたのか，ということを徐々に明らかにしていく．そしてその際にだれが自分のまわりにいたのかいなかったのか，彼らに対してどのような感情を抱いていたのか，いま彼らに何かを伝えるとしたら何を伝えるか等についても話し合っていく．また，人目のない状況（自室，屋外で人がいない場所，自分のことを知っている人がだれもいない場所など）でこれまでどのような行動を行っていたのか（プライベートな行動）も重要なトピックである．大まかにいえば，まず個人のまわりには「家族」があり，それも個人が初めて体験する他者である．その家族の外にあるものが社会であり，それぞれのなかでどのようにふるまってきて，どのように自分が扱われてきたのかを整理していき，自分が社会に対していま現在どのような行動をとっているのか，今後もその行動を続けていきたいかどうかというディスカッションになることもある．

前述した「怒り」とも関連することであるが（p. 153 参照），クライエントはこれまでどこかで傷ついてきたこと自体やそれを手放せずにいることで怒りが生じていても，それを自覚していないかもしれない．自身の受けた被害や怒りを自覚できず，他者に対して怒らせるような侵害行為を行ってしまう可能性がある．こういった場合にセッションを進めていくと，自分が受けた傷，損害に向き合い自らを癒す責任に突き当たる．結果として，自分の傷について，自分がだれかを侵害して傷つけて起こさせた傷はどうすればよいのか，自分の傷のように放っておいていいのか，ということにも関連する．被害者，加害者のどちらかの傷，または両方の傷を放っておいていいとクライエント本人が思うその理由を探っていくと，先に述べたような，再びその傷を引き起こした原因を帰属する認知やそれに対する感情が現れてくると思われる．それもまた消化していくように促す．「抵抗」はあれど，最終的には，それぞれが受けた，起こした傷について，どのように自分が責任をとっていきたいのかという議論が起こる．とくに，他人に残した「傷」という外形や心象に残ったものに関することのみでなく，それを引き起こした自身の行動や選択そのものに対する責任について話し合う．これは，非常に強い情動や過去の記憶，対人バイアス（bias：先入観）が引き起こされるテーマである．責任ということを理解し始めると，重圧からか，クライエント自身が治療やセラピーを受けようとしていること自体について疑問を感じ始める可能性もある．「ストレスや辛いできごとへの対処スキルを学んで実践していいのだろうか」，「自分は治療を受けてよくなって許されるのか」，というものから，「自分は死んだほうがいいのでは」と考え始めるものまである．過去の自分の選択や行動についてどのように責任をとっていくのかという深刻なテーマである．そのことや自分自身のリスクも踏まえて，今後どのように自分を治して生きていくことが求められているかという問いについて考えていく．

変化をもたらそうとするには，いまいるところから一歩踏み出す必要がある．そうすることでどのように自他が変わるかはわかりえず，恐怖がともなうが，それに少しずつ立ち向かう必要がある．自分にとって居心地がいい空間から踏み出すことを恐れるな，というよく聞く言葉があるが，それをもう少し補足すると，「恐れてはいけない」ことはない，恐れていることを否定したり無視したり恐れていないふりをするのではなく，その恐れをきちんと感じられ，それを他者と共有し，自分のなかで収められるようになることが必要である．そのようになって初めて，加害や違法行為に至る前の行動一つ一つについて述べることができるようになり，そういった行動とは異なる行動のいくつもの選択肢について考え始め，一つトライしてみることができる．過去や未来における行動に対する責任に関するディスカッションのもち方の詳細については，Jenkins（1990）の議論を参考にされたい．

加害行為をしたクライエントの人生のストーリーや，加害行為を詳細に分析し，その行動一つ一つにどのような感情がともなっていたのかを探る．流れを巻き戻すか早送りをして思い出すかはどちらもよい方法であるが，どちらであっても話の順序が大きく飛んでいる時がある．たとえば，A, B, C の順でできごとや行動が進んでいるのに，I まで飛躍しているのであるが，クライエント自身は I にまであたかも飛んでしまっていることを気づいていない場合がある．これは記憶の欠損ではない．先述したとおり（5.4 節 d 項），「できごとの鎖」が時期尚早である場合があるため，細かい感情がわかりそれを口に出せるようになったところで以下を進めていく．この語りの内容の飛躍に関し，セラピストが感じる違和感などを伝えることで，D, E, F, G, H の部分が飛んでしまっていることに気づかせ，それらはどうなったのか，あったとしてどのような気持ちを感じていたかもしれないかを思い出させていく．この際，共感しようとしてセラピストがクライエントの気持ちを決めつけないようにすることが大前提である．正直に話すことをたびたび述べているが，この加害行為の分析に非常に必要な部分である．また，クライエントにも簡単な説明を見つけさせて解決した気分にならせないようにする必要がある．

セラピストとクライエント両者とも，「好奇心」，「探究心」をもち続けることの重要性は強調してもしきれない．また，これまで語れなかったことを語れるようになった際，何を語れるようになったのかという内容も大事であるが，それを可能にしたセラピーの流れやクライエント自身のなかの変化に目を向けさせる．それがクライエントがこれまで必要としてきたものの一つかもしれないし，今後もクライエントに強みを与えてくれるものであると思われる．また，これまでの状況ではそれらが手に入らなかった経緯にもていねいに注目していくと，これまでの葛藤が現れてくる．それらを語る際に再び多くの矛盾点や飛躍している部分があるが，矛盾や飛躍させることで自身を受け入れがたいものから守っていることもある．自分が逃げ込める心のスペースを人はどこかでつくっている．それをつくる「方法」とは，辛すぎるできごとや，したことの否認や，現実には存在していない関係性をあたかも有しているといった幻想や，とれるはずの行動や選択肢をとらないでい続けることなどである．他者にとっては明白ではあるが，自覚しているとは限らない．自分自身が「変わらない」ということで「痛み」自体を守ろうとすることもあるであろう．そういった部分に少しずつ気づかせ直面させていくことで耐えられるように援助し，解決に向かわせ始めることができる．

おわりに

加害者の治療においては,非常に予盾する（パラドキシカルな）情動と（加害）行動の関係性や動きがあり，それに対する数多くのアプローチがある．さまざまな手法を用いてカウンセリングを進めていくなかで，彼らの感情の不安定さや心理的な脆さが露呈してくるように思われる．カウンセリングにおいて彼らの心理面での脆さや脆弱性を完全に取り除くことは不可能かもしれないが，それを補うもしくは脆さに対抗しようとする強さを身につけることは十分可能であると考える．

そして，セラピストとクライエント両者が「再犯防止」に注意が向いてしまうことは大いにあり，それは両者の自然な反応である．しかし，セラピストがクライエントを恐れて制限を設けると，効果的なカウンセリングは生まれない．セラピストはクライエントを癒すためのプロフェッショナルとして，クライエントのもがきや繰り返してしまう失敗に積極的に付き合っていくのである．そして，メンタルヘルスの患者に対して接するのと同様に，クライエントが犯罪を犯してしまっている際も，彼らに対するリスペクト（respect：敬意）やコミットメント（commitment：約束），献身の態度を忘れないようにされたい．

[王村あき子]

文　献

Akhtar S：Forgiveness：Origins, dynamics, psychopathology, and technical relevance. *Psychoanal Q* **71**, 175-212, 2002.

American Psychological Association. Controlling anger before it controls you. http://www.apa.org/topics/anger/control. aspx. Retrieved on December 30th, 2014.

Arkowitz H, Miller WR, Rollnick S (Eds).: Motivational Interviewing in the Treatment of Psychological Problems. New York, NY : Guilford Press, 2005.

Berecz JM : All that glitters is not gold : Bad forgiveness in counseling and preaching. *Pastoral Psychol* **49**, 253-275, 2001.

Bonta J : Offender risk assessment : Guidelines for selection and use. *Crim Justice Behav* **29**, 355-379, 2002.

Figley C : Compassion fatigue : Psychotherapists' chronic lack of self care. *J Clin Psychol* **58**, 1433-1441, 2002.

Greenberg LS : Emotion-Focused Therapy : Coaching clients to work through feelings. Washington, DC : American Psychological Association Press, 2002.

Greenberg LS : Emotion-focused therapy : A clinical synthesis. *Psychotherapy* **8**, 32-42, 2010.

Greenberg LS : Emotion-focused therapy. In Emotion-Focused Therapy (Greenberg LS ed) (Theories of Psychotherapy), Washington, DC : American Psychological Association Press, 2011.

Greenberg LS, Paivio SC : Working with Emotions in Psychotherapy. New York : Guilford Press, 1997.

Greenberg LS, Rice LN, Elliot R : Facilitating Emotional Change : The Moment by Moment Process. New York, NY : Guilford Press, 1993.

Greenberg LJ, Warwar SH, Malcolm WM : Differential effects of emotion-focused therapy and psychoeducation in facilitating forgiveness and letting go of emotional injuries. *J Couns Psychol* **55**, 185-196, 2008.

Harris AHS, Thoresen CE : Forgiveness, unforgiveness, health, and disease. In Handbook of Forgiveness (Worthington Jr EL ed), pp 321-333, New York, NY : Routledge, 2005.

Hazan C, Shaver P : Conceptualizing romantic love as an attachment process. *J Pers Soc Psychol* **52**, 511-524, 1987.

Jenkins A : Invitations to Responsibility : The Therapeutic Engagement of Men Who Are Violent and Abusive. Australia : Dulwich Centre Publications, 1990.

Jobes AD : The CAMS approach to suicide risk : Philosophy and clinical procedures. *Suicidologi* **14**, 3-7, 2009.

Joinson C : Coping with compassion fatigue. *Nursing* **22**, 116-122, 1992.

Linehan M : Cognitive-Behavioral Treatment of Borderline Personality Disorder. New York, NY : Guilford Press, 1993.

Macaskill A, Maltby J, Day L : Forgiveness of self and others and emotional empathy. *J Pers Soc Psychol* **142**, 663-665, 2002.

Marshall WL, Marshall LE, Serran GA, Fernandez YM : Treating Sexual Offenders : An Integrated Approach. New York, NY : Routledge Taylor & Francis Group, 2006.

McCullough EE, Worthington EL, Rachal KC : Interpersonal forgiving in close relationships. *J Pers Soc Psychol* **73**, 321-336, 1997.

Moulden HM, Firestone P : Vicarious traumatization : the impact on therapists who work with sexual offenders. *Trauma Violence Abuse* **8**, 67-83, 2007.

Paivio SC, Hall IE, Holowaty KAM, Jellis JB, Tran N : Imaginal confrontation for resolving child abuse issues. *Psychother Res* **11**, 433-453, 2001.

Rotter JB：Generalized expectancies for internal versus external control of reinforcement. *Psychological Monographs* **80**, 1-28, 1966.

Samenow S：Inside the Criminal Mind. New York, NY：Broadway Books, 1984.

Seeler L, Freeman A, DiGiuseppe, R, Mitchell D：Traditional Cognitive-Behavioral Therapy Models for Antisocial Patterns, in Forensic CBT：A Handbook for Clinical Practice (Tafrate RC, Mitchell D eds), Oxford：John Wiley & Sons, doi：10.1002/9781118589878.ch2, 2013.

Sonkin D, Dutton D：Treatment assaultive men from an attachment perspective. In Intimate Violence：Contemporary Treatment Innovations (Dutton D, Sonkin D eds). New York, NY：Haworth Publishing, 2003.

Spinoza B：Ethics (Part IV). New York：Hafner Publishing, 1967.

Stern D：The process of therapeutic change involving implicit knowledge：Some implications of developmental observations for adult psychotherapy. *Infant Ment Health J* **19**, 300-308, 1998.

Welfel ER：Ethics in Counseling and Psychotherapy：Standards, Research, and Emerging Issues. Pacific Grove, CA：Brooks/Cole Pub., 1998.

Werth JL, Welfel ER, Benjamin AH：The Duty to Protect：Ethical, Legal, and Professional Considerations for Mental Health Professionals. Washington, DC：American Psychological Association, 2009.

Worthington EL Jr, Wade NG：The psychology of unforgiveness and forgiveness and implications for clinical practice. *J Soc Clin Psychol* **18**, 385-418, 1999.

●索　引

欧　文

ア　行

カ　行

サ 行

タ 行

ナ 行

ハ 行

マ　行

ヤ　行

ラ　行

ワ　行

編者略歴

福井裕輝（ふくい・ひろき）

1969年　アメリカ合衆国インディアナ州に生まれる
1992年　京都大学工学部卒業
1999年　京都大学医学部卒業
2007年　国立精神・神経センター精神保健研究所・室長
現　在　NPO法人 性犯罪加害者の処遇制度を考える会・代表理事
　　　　一般社団法人 男女問題解決支援センター・代表理事
　　　　博士（医学）

岡田尊司（おかだ・たかし）

1960年　香川県に生まれる
2001年　京都大学大学院医学研究科修了
　　　　京都府立洛南病院，京都医療少年院等への勤務を経て
現　在　岡田クリニック・院長
　　　　博士（医学）

情動学シリーズ9
情 動 と 犯 罪
—共感・愛着の破綻と回復の可能性—

定価はカバーに表示

2019年2月1日　初版第1刷

編　者　福　井　裕　輝
　　　　岡　田　尊　司
発行者　朝　倉　誠　造
発行所　株式会社　朝　倉　書　店
東京都新宿区新小川町6-29
郵便番号　162-8707
電　話　03(3260)0141
FAX　03(3260)0180
http://www.asakura.co.jp

〈検印省略〉

印刷・製本　東国文化

ISBN 978-4-254-10699-2　C 3340　Printed in Korea